岩羊在等狼回来

Why blue sheep need wolves

——走进自然保护区寻珍

WHAT you don't know about NATURE RESERVES

钟嘉 袁屏 编著

SPM
南方出版传媒
新世纪出版社

·广州·

图书在版编目（CIP）数据

岩羊在等狼回来：走进自然保护区寻珍／钟嘉，袁屏编著 . —广州：新世纪出版社，2014.6（2022.12重印）
（自然观察）
ISBN 978－7－5405－8569－3/01

Ⅰ.①岩… Ⅱ.①钟… ②袁… Ⅲ.①自然科学－青少年读物 Ⅳ.① N49

中国版本图书馆 CIP 数据核字（2014）第 088047 号

出 版 人：陈少波
策划编辑：王　清　秦文剑
责任编辑：秦文剑　黄诗棋
责任技编：王　维
设　　计：骆爱兰 Design Studio

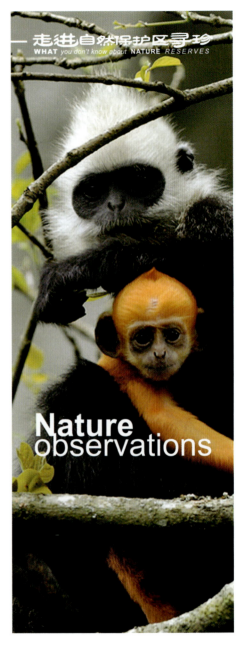

出版发行：新世纪出版社
（广州市大沙头四马路 12 号 2 号楼）

经　销：全国新华书店
印　刷：天津画中画印刷有限公司
规　格：787 毫米 ×1092 毫米
开　本：16 开
印　张：15
字　数：160 千
版　次：2014 年 6 月第 1 版
印　次：2022 年 12 月第 5 次印刷
定　价：32.00 元

质量监督电话：020-83797655
购书咨询电话：020-83792970

文字作者

钟 嘉	袁 屏	冯利民	白清泉
何 鑫	黄 秦	禹 林	张秀雷
张 明	李振中	史 杰	

摄影作者

钟 嘉	袁 屏	杨 帆	彭 博
张 明	严少华	王守波	李 晔
杨 琨	白文胜	邓明选	汤正华
冯利民	王瑞卿	郝夏宁	钱景华
李海涛	张锡贤	白清泉	张 岩
刘月良	李在军	陈青骞	王吉衣
董文晓	何 鑫	程翊欣	姚 力
黄 秦	林剑声	蔡江帆	徐 勇
孙家杰	韦 铭	文翠华	谢志伟
林文治	禹 林	王志芳	王兆锭
李 歆	汪 荣	张秀雷	罗春平
董 磊	张雪莲	曾宪忠	刘 毅
孙清松	张 凯	李振中	杜 卿
钟家智	钱 斌	溪 波	余耀明
段辛斌	李明璞	高厚生	姚 毅
丛培昊	田 竹	沈 尤	

江西官山国家级自然保护区
广西崇左白头叶猴国家级自然保护区
河南小秦岭国家级自然保护区

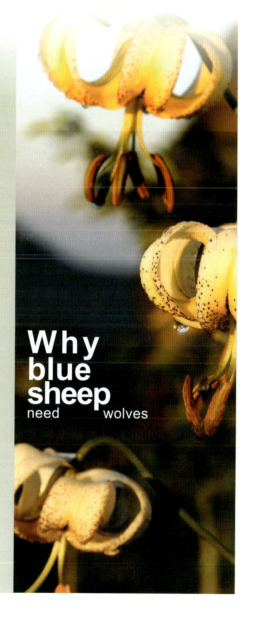

Why
blue
sheep
need   wolves

序　言

　　我们可爱的祖国幅员辽阔，位置适中，涵盖了寒带、温带、亚热带和热带等多种气候带，地形和地貌也十分复杂，自然条件多种多样，再加上18 000多千米长的海岸线和难以计数的河川湖泊，蕴藏着极其丰富的自然资源，是祖先留给我们的珍贵宝藏。我国拥有的生物资源异常丰富，是备受全球关注的生物多样性保护的重点地区。根据估计，我国已知的各类动物、植物、菌类的物种数大致都占全世界同类物种数十分之一以上。例如世界鸟类约有10 000种，我国已记录的鸟类就有1300多种，其中70多种是我国的特有种。然而，我国又是世界上人口最多的国家，也是历史最悠久的国家之一，许多土地早已被开发为耕地和居民区，现代的工业化和城市化的飞速发展，翻天覆地，使许多野生生物丧失了生存的家园，据估计有15%~20%的物种存活受到严重威胁。为了让它们得到安全的庇护，与我们和谐相处，并且能世世代代繁衍下去，我国政府在适宜于野生生物生存的地点划定了不同级别的、数以千计的自然保护区，其中国家级自然保护区就有300多处，有效地发挥了生物多样性保护以及科学研究和科学普及基地的作用。当然，自然保护区功能的发挥需要长期的建设和艰苦的奋斗，其中包含如何提高广大群众、特别是青少年的科学素养以及品德教育，从小养成珍爱祖国的一山一水、一草一木以及栖息于其中的野生动物，从思想上杜绝那些到处毁坏环境、摘花折枝、乱扔垃圾、残害生灵、乱涂乱刻"到此一游"的不良行为。

　　本书是对我国有代表性的自然保护区的考察散记。作者以优美、简洁、生动的文字记述了所见所闻，字里行间洒落出对大自然和野生生物的珍爱，娓娓道来，引人入胜。作为生物学和生态学的爱好者，所记述的对象涉及不同类别的动物、植物，还有作者对生态保护和生态演替方面问题的思考，其尊重科学的态度、入微观察的精神很值得专业人员学习。书中对每一个自然保护区的记述，都是依次按照"自然保护区名称、观察对象、地点、地理概况和观察季节"列出，便于读者能在今后的考察前做足功课，做到心中有数。每篇文章还附有思考问题和野外生态照片，供读者进一步思考和扩充知识。例如《零下40度访雪鸮》一文，在生动记述了珍禽雪鸮的憨态可掬的外貌和生活习性之后，提出"它的脚为什么不怕冻？"的思考题，让青少年进一步动脑筋。书中描述的还有关于大斑啄木鸟啄食松子、花鼠吃草籽的行为以及对黑边白蛱蛾、多花兰、铁杉等许多动植物特点的观察和思考，都是很有意义的发现。由此可见，该书不仅是一本优秀的科普读物，也适宜作为小学和初中阶段学习生物学相关课程的参考材料，是推动我国生态文明建设的一本好书。

　　本书的主要作者钟嘉女士是一位很有社会责任感的资深记者，也是我国科学观鸟活动的开拓者之一，在推动我国自然资源和生物多样性保护方面做了大量工作。她以记者的敏感和独特的视角去关注自然、社会和野生动植物保护问题，有许多新的发现，期望她能不断推出新的著述。

郑光美

郑光美
中国科学院院士
北京师范大学教授
2014 年 4 月 1 日

CONTENTS 目录

北 NORTH

东 EAST

南 SOUTH

岩羊在等
why
blue sheep
need wolves
狼回来

WHAT you don't know about NATURE RESERVES

CONTENTS 目录

西 WEST

中 MIDDLE

中 MIDDLE

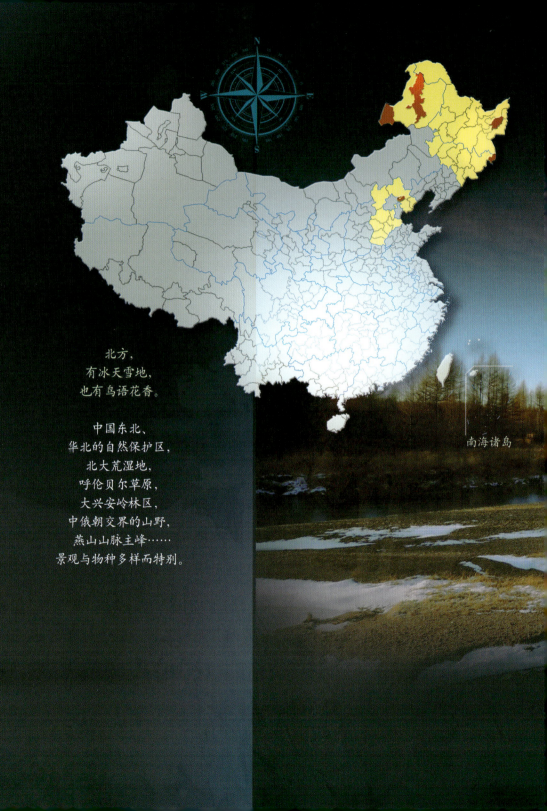

北方，
有冰天雪地，
也有鸟语花香。

中国东北、
华北的自然保护区，
北大荒湿地，
呼伦贝尔草原，
大兴安岭林区，
中俄朝交界的山野，
燕山山脉主峰……
景观与物种多样而特别。

南海诸岛

当我们的目光聚焦其中的野生动植物，
会发现壮丽风景中的神奇与奥秘：
冰雪草原零下 40 摄氏度低温里的猫头鹰，
千万年生生死死自然演替的泰加林，
田野中雄踞电线杆顶伺机捕鼠的毛脚鵟，
岩石缝隙中悄悄开放的报春花……

这些灿烂的生命，
也许我们会说它们是在恶劣的环境中顽强坚守，
仿佛励志的榜样，
其实北国大地是它们繁衍生息的温情家园，
兄弟姐妹们，街坊邻居们，
按部就班地过着自己的小日子。
想听它们的故事吗？
来认识一下这些鲜为人知的精灵吧！

NORTH

W h y blue sheep *need wolves*

北大荒
雪野仙踪

冬天去黑龙江，想不想在冰雪世界看看不怕冷的动物？黑龙江、松花江和乌苏里江在汇合前流经的大片区域，被称为三江平原。那里到处是湿地沼泽，过去是"棒打狍子瓢舀鱼，野鸡飞到饭锅里"，这说明北大荒的野生动物很多。现在的北大荒是大粮仓，国家粮食主产区，野生动物们还在吗？

从虎林开车往宝清走，一路上都是农田旷野，白雪覆盖，但不时会有毛脚鵟蹲在电线杆顶上。仔细看它们，多数腹部呈黑白两色，显得非常干净漂亮，尾羽都是白色，有

观察对象：**毛脚鵟、雉鸡和狐狸**
地　　点：**黑龙江雁窝岛湿地自然保护区**
地理概况：**号称北大荒的三江平原上，大规模农垦开发后保留的原生湿地**
观察季节：**冬季**

黑色的边儿，脚上有羽毛覆盖。注意差别，一只比较小，腹部是白色，喉部到胸前有黑色斑纹清晰地排列。另一只，腹部大面积有很重的黑色，整个身材也大些。想不到吧，小个的是雄性，大个的是雌性，猛禽一般都是雌鸟体大。

　　毛脚鵟悬停，那是很精彩的表演。它们在空中居高临下原地振翅，瞄准了田野里的老鼠便扑下去。毛脚鵟在更北方的俄

罗斯那边繁殖，南下到中国东北越冬，它们最喜欢旷野，以田鼠、麻雀为主要捕食目标，在视野开阔的高处蹲守，伺机出动。北大荒这个全国最大的商品粮基地，总有粮食粒儿撒下来，喂肥了田鼠，毛脚鵟也不愁过冬了。

到了雁窝岛，这是八五三农场特意留下的一片原生态湿地，现在这里建立了自然保护区。开阔的冰面白得晃眼，岸边一丛丛枯黄的芦苇、灌木，这里会有动物吗？很快就有动静了。路边一大丛植物里传出咕噜咕噜的声音，有个脑袋探出来又缩回去，是雉鸡！

雉鸡又叫环颈雉，是最常见的野鸡，雄鸟七彩斑斓，有长尾羽，脖子上一圈白色，雌鸟是斑杂的褐色。它们冬季集群。我们把车停下想看个清楚，但是离得太近让雉鸡紧张了，扑棱一下飞出去。没等我们回过神儿，扑棱扑棱扑棱，一只接一只从灌丛里飞出，整整数到 19 只！

这边的动静刚有点大，冰面上也有了反应，一只狐狸不知从哪儿窜出来，在一溜稀疏的芦苇间站住。我们没敢动，狐狸

却沉不住气了，跳起来穿过开阔的冰面往远处跑去，火红的大尾巴一弹一弹的。

过去一直以为荒凉不是好事，更不能接受沼泽，觉得稀泥水草不干净似的。其实湿地是地球上非常重要的生态系统，不仅提供水资源，而且能净化水质、调节气候。湿地是物种最丰富、生产力最高的地方，北大荒变北大仓就是实例。而保留相当一部分原生态湿地，则给众多野生动物留下了自己的家园。你看寒冷冰封的季节，它们也都在这儿呢！

（文：钟嘉，图：张明）

观察思考
湿地为什么对我们人类很重要呢？

吃松子儿的啄木鸟

观察对象：**大斑啄木鸟、沙地樟子松**

地　　点：**内蒙古海拉尔国家森林公园**
　　　　　（西山公园）

地理概况：呼伦贝尔草原上的伊敏河西岸高地，
　　　　　自治区级沙地樟子松保护区，有古
　　　　　樟子松林 4000 多亩

观察季节：秋季

啄木鸟是著名的食虫鸟，用长嘴凿开树皮捉虫，有"森林卫士"的美誉。书上还说，在北方寒冷的冬天，啄木鸟会吃油脂大的植物种子来弥补"荤菜"的缺乏。我在北京天坛公园见过大斑啄木鸟从松塔中啄出松子，再到树根上敲碎，吃到里面的松仁。可我在海拉尔西山公园目睹的大斑啄木鸟吃松子，"招数"跟在天坛的不一样了。

我先看见一只大斑啄木鸟在一棵树上凿来凿去，时不时停下从树干上衔出一个什么东西又放回去。等它飞走后，我拿望远镜对准那个树干，看到一个树洞里夹着一个啄烂了的松塔。原来那只啄木鸟刚才是在啄松塔，它不断衔出松塔调整位置再放回去，转着圈地把松塔中的松子都吃光。

西山森林公园是沙地樟子松的保护区，一进公园就看到，许多高大松树下的沙地被大风一层一层剥走，经年累月，树根露出地面，像一条一条反插进地里的树枝。据说沙地樟子松的树根长度是树枝的 2~3 倍，能将流沙牢牢锁住，吸取地下水分，保持枝繁叶茂。不过，这样悬空在地面的树根可不好用来敲松子，啄木鸟另有办法。

很快又听见咚咚声，我发现了另一只啄木鸟，正在一根大横干上敲击。大斑啄木鸟雄鸟的枕部有红色，雌鸟没有。而这只大斑啄木鸟整个头顶都是红色，是一只年轻的雄鸟。一会儿，它飞落到旁边的细树枝上，三下两下啄掉一个松塔衔在嘴里，又飞回大横干上，把松塔嵌进去，然后连续猛击。显然，这个小青年已经掌握了吃松子儿的技巧。

之前有一位朋友在大兴安岭中观察过大斑啄木鸟吃落叶松的松塔——在树干上凿一个小坑，把松塔嵌进去固定，然后取食松子。他推测啄木鸟的嘴对付小松塔使不上劲儿，所以借了树干来帮忙。看来不论落叶松的小松塔，还是樟子松的大松塔，啄木鸟都采取同样的方法处理。

啄木鸟是攀禽，四个脚趾两个向前两个向后，方便抓住树干并在上面进退。

啄木鸟用有力的锥形嘴凿出树洞，在里面繁育后代，它们废弃的树洞，往往成了其他鸟类或小动物的家。啄木鸟吃虫，吃树种，树与啄木鸟形成了一种互惠互利的关系。一片树林如果有啄木鸟出现，就说明比较成熟健康，生物多样性比较高，反之则有问题。

啄木鸟的嘴不仅坚强有力，还能使巧劲儿，会借力，不是亲眼所见，真的难以想象。这印证了鸟类学者的一句名言：鸟嘴各式各样，都好使！

（文：钟嘉，图：严少华、张明）

观察思考

樟子松林里有啄木鸟是好事吗？

兴安岭上落叶松

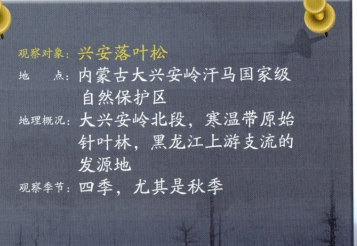

观察对象: **兴安落叶松**

地　　点: 内蒙古大兴安岭汗马国家级
自然保护区

地理概况: 大兴安岭北段,寒温带原始
针叶林,黑龙江上游支流的
发源地

观察季节: 四季,尤其是秋季

秋天去大兴安岭，第一印象就是金黄色波澜起伏的落叶松林，优雅耀眼的白桦树点缀其间，深蓝色的河流在林中蜿蜒。

北纬 50°~70°，横贯欧亚和北美大陆北部，是广阔的泰加林，即寒温带针叶林。而东北亚连绵的泰加林向南伸出一条"舌头"到北纬 45°，正是中国的大兴安岭北段。其中有一片自 20 世纪 50 年代起的"禁伐禁猎区"，今天的国家级自然保护区，就是汗马。

原本以为进入原始森林，都是不能合抱的大树，可这里的树林很新，很少见到大树。这是原始林吗？找到了少数几棵大树，枝叶繁茂，树洞里面却一片炭黑。这是被大火烧过！这些落叶松过火之后依然存活，再繁衍出新生的松林。原来，森林遭遇山火是自然现象。原始，不一定是千万年一直生长挺立，也可能是生生息息的不断演替。

苔藓毛蒿豆

汗马保护区的森林群落主要是兴安落叶松，它们有着"明亮针叶林"之称。林下光照条件好，或者配春花艳丽的杜鹃，或者携四季常绿的偃松，既有苔草、杜香、越橘等群丛，也与白桦、樟子松、山杨等混交。每一种群落组合，都有一通自己的道理，都有自己生成演化的历史。来汗马看森林更迭的自然

汗马保护区的森林群落主要是兴安落叶松，
它们有着"明亮针叶林"之称。
林下光照条件好，
或者配春花艳丽的杜鹃，
或者携四季常绿的偃松，
既有苔草、杜香、越橘等群丛，
也与白桦、樟子松、山杨等混交。
每一种群落组合，
都有一通自己的道理，
都有自己生成演化的历史。
来汗马看森林更迭的自然历程，
还真有故事。

历程，还真有故事。

林子里有很多因风大而弯倾的白桦树，它们是火灾之后最先萌生的先锋树种。白桦长起来后，劫后余生的落叶松种子才开始萌发，慢慢高耸。此时的白桦树比不上落叶松的生长速度，过于细高的还会被风吹倒，逐渐被淘汰，森林甚至演变为落叶松纯林，落叶松全都笔直高挺，剑锋指天。落叶松夏天翠绿，秋天金黄，洒下一地金针之后，能在严寒中肃立6个月之久，迎风傲雪。漂亮的落叶松应该记得白桦树的扶掖，没有先行者，哪来后继人。

来到一大片稀疏、矮小的林子，每棵树的模样都挺惨，干枯，细弱，高不过两三米，居然也是兴安落叶松！其实它们的寿命已经很长。仔细观察，"老头林"下是厚厚的苔藓，从苔藓下部扯出一团，两手一挤，水顺着指缝哗哗流，再往下是带冰碴的"泥巴"。这叫泥炭藓，上层不断生长，下层不断死去，底下就是永冻层。在如此环境下，老头树每年只发几小枝，坚持着自己的生命。如果锯开看它们的年轮，比正常生长的大树细密很多，甚至能看出哪几年有过火灾。它们的不死，记录了历史！而这些林中沼泽湿地，孕育了无数条河流，流向额尔古纳河、嫩江，直到黑龙江。汗马，就是鄂温克语的"万河之源"。

（文：钟嘉，图：王守波、李晔、杨琨）

观察思考

泰加林是如何孕育河流的？

小鸟雪中红

观察对象：**北噪鸦、北朱雀、极北朱顶雀等**
地　　点：**内蒙古兴安里湿地自然保护区**
地理概况：**大兴安岭林区中的自治区级保护区。高纬度森林湿地，半年时间被冰雪覆盖。大雁河从这里发源，先汇入海拉尔河，再汇入额尔古纳河，成为中俄界河黑龙江的上游**
观察季节：**冬季**

"一下雪，小红鸟就来了。"兴安里林场在大兴安岭中，一进入 10 月就开始下雪了，两三场降雪之后，林场职工就能发现新来了很多小鸟，在雪地上、公路边，飞起飞落，好些都是红色的。

　　用望远镜仔细观察，红色的小鸟不止一种。北朱雀是最常见的，鲜艳的深红，额头有着放射状的白芒，而雌鸟是黄红色。朱雀是一大类以植物种子为主食的小鸟，不同种的朱雀颜色不太一样，大红、深红、紫红、粉红……而北朱雀是所有朱雀中分布最北的，繁殖地在欧亚大陆接近北极圈的区域，在中国的东北是冬候鸟，一般不会到长城以南去。

　　冬天的大兴安岭，还会来一种更小的小红鸟，叫白腰朱顶雀，顾名思义，脑门是红色的，胸前也泛着红粉色。而另一种较少见的极北朱顶雀，红色更少，白色更多，个子更小点儿。两种朱顶雀的嘴都很短小，它们喜欢吃细小的种子，如苏子，

因此就有了外号"苏子"。它们每年的迁徙路线非常遥远，竟然会从中国的东北一直飞到北欧斯堪的纳维亚半岛去。真不知这些小小朱顶雀的老辈儿是怎么开辟的世袭领地。

常年生活在大兴安岭的红色小鸟也不少，不长距离迁徙的鸟是留鸟。长尾雀夏天也在兴安里，身上的玫瑰色带着白色纹路，冬天在雪中更是靓丽。

长尾雀

北噪鸦

北朱雀

红得最令人心动的是北噪鸦。它算大鸟了，翅膀和尾巴棕红色，展翅起飞时，麻麻黑灰的密林中闪过一道红，打开的尾羽就像把红扇子。相比北朱雀和朱顶雀，北噪鸦的数量少多了，想给它们拍照留影的人会找几块肉皮挂在树枝上，等候北噪鸦来吃，可有时也是白等。它们不怕冷，一年四季在寒冷的欧亚大陆北部的冷针叶林栖息，大兴安岭中，只在北段有可能看见它们。

白腰朱顶雀雌（上）雄（下）

到了最冷的腊月里，还会有一种红色的小鸟白翅交嘴雀从北边南下来到兴安里。它们上下喙的尖端是弯的，还交错着，能把松子一拧就夹开，吃到里面的松仁儿。兴安里湿地是大兴安岭的林中沼泽，不仅孕育河流，而且布满苔藓和各种灌丛植物。夏天的嫩芽、树叶、花蜜及昆虫，为很多小鸟在森林中繁衍后代提供了美食，冬天又有很多果实和种子以及树皮下的虫蛹为另一些小鸟准备了越冬食物。至于小红鸟为什么格外多，是白雪衬的？物种丰富就色彩丰富，其实这里也有很多小鸟用蓝色、褐色、白色、黄色打扮自己，只是我们的眼睛，在雪中更容易注意到鲜红吧。

（文：钟嘉，图：白文胜、张明、邓明选、袁屏）

观察思考

文中提到的几种小红鸟，谁是候鸟，谁是留鸟？

零下40度
访雪鸮

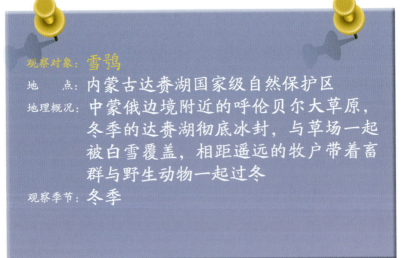

观察对象：雪鸮
地　　点：内蒙古达赉湖国家级自然保护区
地理概况：中蒙俄边境附近的呼伦贝尔大草原，
　　　　　冬季的达赉湖彻底冰封，与草场一起
　　　　　被白雪覆盖，相距遥远的牧户带着畜
　　　　　群与野生动物一起过冬
观察季节：冬季

冬天去北国原野，在冰天雪地中仔细寻找和观察，仍会看到野生动物按部就班地过着自己的生活，其中的顶级明星是从北极圈来呼伦贝尔草原越冬的白色猫头鹰——雪鸮。

雪鸮体大，体长达 60 厘米，黄眼睛，雪白的羽毛中有点点黑色，而雌性的黑色斑纹更多一些。雪鸮的繁殖地在北极圈内的苔原地带，从欧亚到北美，都有它们的踪迹，但数量不多。它们在地面营巢，捕食田鼠、鼠兔等小型啮齿类动物。

当极地进入黑夜漫漫的冬天，雪鸮会南下，以解决食物短缺问题。每年 11 月中下旬，它们中有一部分进入中国，在东北和西北最边远的旷野过冬，到第二年 3 月末才离开。只要有食物，它们就不再南下，它们完全无惧零下 40 摄氏度的低温。

在中国"鸡头"版图的后脑勺，内蒙古呼伦贝尔大草原上，是达赉湖国家级自然保护区。夏天，这里水草丰美，聚集了无数天鹅、鸿雁；冬天，水鸟们南下了，这里已是大雪原，迎来了越冬的雪鸮。

在茫茫雪原上行车，不是个轻松活儿。雪鸮选择在牧场定居点附近栖息，远离公路，寻找它们异常艰难。农用车拉草压出来的辙印被大雪覆盖，沟沟坎坎不能判断深浅，我们接二连三发生陷车，就连挖雪救车的铁锹把儿都挖断了。

　　刚刚成功脱困继续上路，忽然一只狐狸在雪地上弹着大尾巴跳起，我们忍不住打转方向盘去跟，结果没多远又卡在雪里，让狐狸看了笑话。

　　再一次挖了车往前开，前车对讲机响起："有了！3点钟方向！网围栏下面！"旷远的雪野雾蒙蒙的，往车子右边望去，20米开外，一只浑身雪白的猫头鹰蹲在雪地上。好一个萌物，圆头圆脑的小雪人儿嘛！它盯着停下的来车，不肯飞走，因为刚刚扑到一只田鼠，匆忙中掉下了，积雪这么厚，捕到一个猎物不容易，它舍不得离开。

几台相机咔嚓咔嚓给雪鸮留了影，让它继续美餐吧，我们转而去找雌鸮。很快就在附近看见了一只，雌鸮个儿头比雄性大，身上的黑色羽斑，仿佛奶油冰激凌上撒了巧克力屑。我们将车停下并熄火，静静地远远观望，它蹲在雪野中一个坡上，傲视四周，蓬松起羽毛如一尊小佛。那气势，一望无际，舍我其谁。

　　冬天高纬度地区白天极短，下午2点就黄昏了，车内温度计显示，车外已接近零下40摄氏度，人的脚冻得很疼。雪鸮的脚上有毛茸茸的羽毛覆盖，它的脚趾头不怕冻啊！我们终于熬不过雪鸮，摇起车窗，打开暖气，带着对雪鸮的崇敬开始返程。

（文：钟嘉，图：张明、汤正华）

观察思考

为什么雪鸮不怕冷呢?

中俄边境
呦呦鹿鸣

观察对象：**梅花鹿、狍**

地　　点：吉林珲春东北虎国家级自然保护区

地理概况：延边朝鲜族自治州东部中、俄、朝
　　　　　三国交界地带，南北狭长，南为图
　　　　　们江的河口湿地，北为丘陵浅山，
　　　　　温带针阔混交林。与俄罗斯的两
　　　　　个虎豹保护区和一个湿地保护区
　　　　　接壤，与朝鲜的一个湿地保护区
　　　　　相邻

观察季节：四季

　　夏季雨后，青山滴翠，森林中气息清新。一条通往国界的山间小道，湿润的泥土上好几条新旧交错的足迹链，每个足迹都为两瓣，整体呈三角形，长度在5~10厘米。显然，有一群梅花鹿刚从这里经过，而众多的陈旧足迹显示梅花鹿在这个区域很活跃。

　　梅花鹿自古有"仙鹿"之称，象征延年益寿。中国是鹿科动物发源地，现存鹿类20种，占全球40%以上。鹿在中国文化中占有非常重要的地位，从《诗经·鹿鸣》篇，到曹操《短歌行》，呦呦鹿鸣伴随着中国人直到今天。然而遗憾的是，曾经在中国东部广布的梅花鹿，目前仅分布在为数不多的几个狭小的保护区里。

　　珲春保护区里的梅花鹿是东北亚种，在中俄边境线一带，森林植被保持良好，鹿群经常在两国间来回活动。夏季走进安

冬天的梅花鹿

静的林荫小道，会遇到身上黄底白斑的小精灵跳跃于林间。梅花鹿夏天体色非常漂亮，鲜黄靓丽，到了秋冬，为了御寒，毛发会变长，颜色逐渐暗淡，白色斑点也看不清了。所以，如果冬季见到个体比较大、长着长长的鹿角，但没见"梅花"的鹿，并不是在当地已经绝迹的马鹿，而是梅花鹿，还是雄性的。

冬天阔叶树落叶了，视野非常好，进入没有人为干扰的森林深处，就可能与成群的梅花鹿不期而遇，梅花鹿在冬季甚至会结成几十只的大群。由于雪很厚，它们也喜欢沿着人或者车的痕迹行走，这种地方很容易发现鹿的足迹。

当冬雪消融、春暖花开的时候，开阔地野草长出嫩芽，梅花鹿就会跑来取食，大白天都能看到鹿群活动。春天到来，雄鹿会

表现出非常强烈的领地行为，大叫，并且互相追逐，捍卫自己的领地，勇猛异常，不惧人类。

春天也比较容易见到狍子，这是东北地区非常常见的鹿科动物。有一年春天，两只雄狍为争夺领地，角逐追赶，从远处一直跑到我前面3米不到的距离，我惊住了，它们也愣住了，相持1分多钟，两只狍子才走开。

东北有"棒打狍子瓢舀鱼"的俗语，说明狍在东北森林分布广泛。但是由于猎杀，狍的数量也急剧减少，不复当年盛况。

鹿科动物食草，是生态系统食物链能量金字塔中关键的中间环节。鹿类是虎、豹等大型猛兽的主要食物，如果森林中大多数鹿类消失，虎、豹等猛兽便会随之消失。如今，在中俄边境地区，重新出现呦呦鹿鸣，珍稀的东北虎和远东豹也随之增多，生态系统正在慢慢恢复。

（文／图：冯利民）

观察思考
梅花鹿和狍的食物是什么？虎豹的食物呢？

33

六月陶醉山花中

华北耧斗菜

观察对象：**报春花、铁线莲等**

地　　点：河北雾灵山国家级自然保护区

地理概况：保护区地跨北京市密云县与河北省兴隆县，也是省级地质公园和开放游览的风景区，区内奇峰怪石，流瀑溪潭，松林听涛，白桦写意

观察季节：春夏

走进雾灵山，一下醉在花香中。大丛大丛的、一串串粉红色长喇叭形的"锦带花"，名副其实的花开锦绣，红艳成带。而扑鼻的香气来自树丛中的白色花团，带一点淡淡的紫色，是丁香！它们恣意生长，无处不在，山间到处弥漫着香气。

细细找，慢慢寻，还有更多美丽藏在山林间。

在海拔 1700~1800 米的落叶松林下，有一种玫瑰色的小花悄悄地绽放，花朵像一串串高挑的小铃铛，叶子如一片片铺开的大巴掌，精巧细致，令人爱怜。它的名字叫河北假报春。假报春是报春花科中的一个属。

长瓣铁线莲

报春花科的花都有典雅、大方的美丽。雾灵山上最艳丽的报春是鲜红的胭脂花。它们生长在海拔2000 米以上的顶峰附近，在还未返青的去岁枯草中，迎着山巅的风雨，拔出长莛，绽放红花，一丛丛、一簇簇，夺人眼目。

雾灵山最珍稀的报春花叫岩生报春。这种报春的分布很局限，在雾灵山上的山崖缝隙、林下石边，偶尔会看到它们的身影。岩生报春植株轻盈，花莛细细，花瓣薄薄，仿佛弱不禁风。但在雨后看到它们，一身水淋淋，却依然挺立。

毛茛科的铁线莲也是诱人的野花。绿树间的藤蔓开放着大串的蓝色花朵，那是长瓣铁线莲，4片大花瓣，中间一圈细密而长的小花瓣，透亮的蓝紫色，飘摇的枝蔓，轻盈浪漫。另一种半钟铁线莲，4片大花瓣厚而密实，有着雅致的细细纹路。

大团大团或一串一串的白色花朵有绣线菊、绣球花、溲疏。在高海拔处，白色的银莲花贴地生长，小小的紫色花蕾，绽放开来却是瓷一般的白，深绿叶片衬托，干净而妩媚。有意思的是，每一朵银莲花的花瓣多少不一致，花瓣的大小形状也不相同，花瓣排列既不对称也不均匀，十分率性和随意。走上山顶一眼望去，点点白色遍布草丛间，都是银莲花！

雾灵山上黄色的花朵也各式各样，一种很奇异的黄色花叫互叶金腰：肾圆形的叶子平铺着，亮绿色的花托，捧着

银莲花

河北假报春

黄黄小碗般的花朵，从叶子的绿到花朵的黄，色彩由暗到亮渐变，当阳光一缕缕射进树林，映照成一片片的金灿灿——知道为什么叫"金腰"了吧。

岩生报春

胭脂花在华北的高山上会形成大面积连片的鲜红花海，但一些旅游景区因为管理缺失，野花被采挖破坏严重。建立了保护区，禁止游人对山花攀折、采挖，雾灵山才有这么壮观又娇媚的野花群落，庆幸！

（文：钟嘉　图：彭博、王瑞卿）

互叶金腰

观察思考

山上的野花为什么不能随便采挖？

观察对象：**蓝歌鸲**
地　　点：河北雾灵山国家级自然保护区
地理概况：雾灵山是燕山山脉主峰，海
　　　　　拔 2118 米。景区内的针阔混
　　　　　交林，春夏之交，鸟语花香
观察季节：春夏

听那
华丽多变的歌

蓝歌鸲的繁殖地是秦岭到东北的山林，越冬在东南亚，迁徙的季节会经过中国沿海到内陆的很多地方。

蓝歌鸲的雄鸟有着极其典雅的装束，那种蓝与白的搭配，干净又靓丽。但是蓝歌鸲的雌鸟，褐色居多，只在下背有点发蓝。蓝歌鸲雌雄都有的招牌动作是弹动尾羽，快得跟哆嗦似的。

歌鸲，是善于鸣唱的一类鸟。中国分布的歌鸲有好多种，除了蓝歌鸲，还有红喉歌鸲、蓝喉歌鸲、黑胸歌鸲、金胸歌鸲、新疆歌鸲、日本歌鸲等等，大多数有鲜红、纯蓝、金黄等惊艳的色彩，少数颜色暗淡。它们一般是在地面觅食昆虫，活动的区域都是在茂密的灌丛、林下，不容易发现。但是唱歌会暴露它们的位置，循声观察，就有可能看到它们的身影。

可是在迁徙路上，歌鸲们一般不作声。要在初夏去它们的繁殖地，才有可能领略那美妙的歌唱。雄鸟鸣唱是领地宣示，占据一块区域为繁育儿女做准备；同时是它们的求偶宣言，吸引雌鸟前来交配，共同繁衍后代。

　　10年前在渤海湾见过蓝歌鸲，但5月初它们正忙着北上，没出声。以后又在秋天的北京见过蓝歌鸲，也是在迁徙路上，还是没能听见它唱歌。10年之后的6月在河北雾灵山保护区，我才第一次确定蓝歌鸲如何歌唱：先是或长或短的几声轻轻的前奏，然后跟出一句响亮的鸣啭，接着又是几声与前奏相似的间奏，再唱出下一句新的旋律。奇妙的是，它们的每一句曲调都完全不一样，这一句像柳莺，下一句似山雀，每一句都会变，五花八门，不留意的话，会以为是几种不同的鸟在鸣唱，而只有那每句之前相同的轻轻前奏或间奏在说："我是蓝歌鸲！"

　　想起来前一年5月下旬在秦岭佛坪保护区就听到这种鸣唱，当时录了音，一共有4段，每段的前奏都差不多，而每段后半部都不一样。当时不知道是什么鸟，因为它们很隐蔽，没亮相。一年后在雾灵山又听到相同的唱腔，还不止4段，终于在林子很密的树枝缝隙处看到蓝歌鸲，这才确认这种多变的花腔是谁的歌！

可惜，蓝歌鸲的歌总是开始得很突然，来不及录下开头；而提前做好录音准备，它又不开口了，或者只唱三两句就停下。结果忙了半天，始终没能录下完整的一曲，不知它一口气能唱出多少种不同的旋律，也不知它到底存了多少张唱片，能变出多少花样来。

每一种鸟都有自己的特点，它们的颜色、体型、大小，还有叫声，互不相同，它们以此确定自己在地球物种大家庭中的地位。小型鸟类在进化过程中，演化出不同的鸣唱，以区别于其他小鸟。而蓝歌鸲是如何学会如此华丽多变的唱腔？也许我们永远都难以获知。

（文：钟嘉，图：郝夏宁、钱景华）

观察思考
蓝歌鸲在哪里繁殖？什么季节唱歌？

41

观察对象：**褐头鸫**
地　　点：河北雾灵山国家级自然保护区
地理概况：因海拔差异形成植被垂直变化，
　　　　　中高海拔地带有大面积华北落
　　　　　叶松
观察季节：春夏

就是摆谱
的
褐头鸫

42

2000 年 5 月，我在河北秦皇岛祖山风景区第一次听说褐头鸫。当时有几个英国观鸟人收队时异常兴奋，也不管我懂不懂英语，叽里呱啦连比画带表情，最后翻出图鉴，指出一只棕色的鸟。原来他们看见了褐头鸫。

　　褐头鸫是一种数量很少的珍稀鸟种，在东南亚越冬，5 月飞到华北北部，到海拔 1700 米以上的山地森林繁殖，7 月底幼鸟具备独立生活能力后离开巢区。繁殖地的观察期就是 5 月下旬到 7 月，其他时间在迁徙路上或者越冬地找它们，几乎完全靠碰运气。

　　十几年来，在它们的繁殖期，只在河北祖山、雾灵山和北京白草畔等少数几个地方有褐头鸫的记录。英国人为什么那么兴奋？原来他们的领队连续 8 年上祖山都没有见到褐头鸫，这天倒让他们遇上了。那个英国领队已经 60 岁，很绅士，他说："你不能什么都看见！"但他还是第二天三点半就起床去找褐头鸫。那次他仍旧没运气，直到之后一年终于见过褐头鸫，他才退休了。

　　虽然觉得为了看一种鸟要三点半起床太不可思议了，可我第一次看到褐头鸫，就是三点半起床的。2006年有一个褐头鸫的调查项目，志愿者都是周末业余时间上山做调查。那天周五下班后，几个人一起上雾灵山，在盘山路上开车紧张与辛苦不说，到山上宾馆已经是后半夜了，两个小时之后就要起床，因为褐头鸫天亮前三点半就开始叫，比其他鸟类都起得早。

　　凌晨走调查样线，看到的褐头鸫全是黑影。下午找到巢区的褐头鸫，才算看清楚它们的模样。第二天观察褐头鸫的行为，其中一对异常活跃，大叫大闹，原来是有松鼠在巢区出现，这一对夫妻奋起驱赶松鼠。可松鼠赶跑了，它们还是停不下来，紧张地飞来飞去，声嘶力竭。为什么呢？嗨，猛然抬头，发现褐头鸫的巢就在我身边的那棵树上！我们赶紧撤，林子里才恢复平静。

下午下山时我晕车了，因为那两天睡得太少！而其他志愿者那个夏天几乎每个周末都这样不辞辛苦地上雾灵山做调查，为了了解这种珍稀鸟种的繁殖生态。

那年的调查结果表明，褐头鸫的栖息高度在 1700 米左右，基本是选择华北落叶松林，在密集的树杈间做巢。它们 5 月上山，7 月里小褐头鸫就出巢了。

北京附近能够上到这个高度的山头中，雾灵山是最容易见到褐头鸫的，就在美丽的华北落叶松纯林中。其实华北北部那么多山，褐头鸫可能还有更多的家园。但盘山公路不能抵达的山头，谁来爬上去找落叶松林中的它们呢？褐头鸫就是谱大啊！

（文：钟嘉，图：李海涛、田竹）

褐头鸫

褐头鸫刚出巢的幼鸟

观察思考

褐头鸫是因为对栖息地的严格选择才成为珍稀鸟种的吗？

45

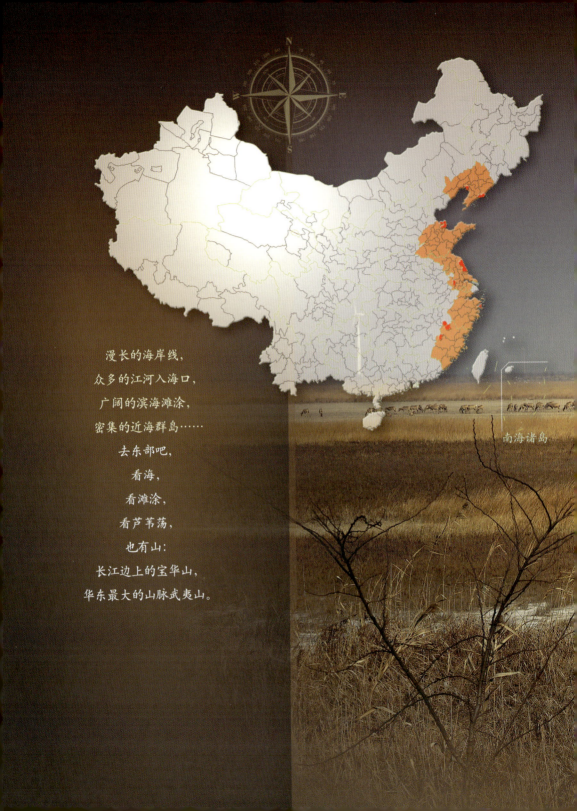

漫长的海岸线，
众多的江河入海口，
广阔的滨海滩涂，
密集的近海群岛……
去东部吧，
看海，
看滩涂，
看芦苇荡，
也有山：
长江边上的宝华山，
华东最大的山脉武夷山。

南海诸岛

东部是中国人口最多、开发最快、原生态保留最少的区域，
而自然保护区为我们留下并保护着珍贵的物种资源和自然景观。
沿海一线是全球候鸟非常重要的
"东亚—澳大利西亚"的迁徙路线和经停地，
从渤海、黄海到东海的各滨海保护区
为数十万、上百万的迁徙候鸟提供了中途补给站的保障，
鸟的传奇就数那里多。

武夷山也是一个传奇，
许多物种在武夷山有一个孤立种群，
与自己的大家族长期远距离分居，却保留着原家族的身份特征，
成为生物进化史中特别的"武夷山现象"。

有兴趣的话，你可以自己去拜访它们。

【东】
EAST

Why blue sheep need wolve

倒霉的 ASH

　　鸟类迁徙是个很神奇的现象。鸟类学者给鸟带上某种标识，比如金属环或彩环，或者彩色旗标，通过再次观察到带标识的它们，来研究迁徙路线和规律。鸭绿江口，是一个能够比较多地观察到带旗标鸟类的地方，因为每年春秋两季都有数以万计的迁徙水鸟在这里经停、觅食。

　　2011年5月5日，我在鸭绿江口湿地看到一只斑尾塍鹬，一起观鸟的人都笑了，因为她的长嘴被一个蛤给夹住了，真够倒霉的。被蛤夹住嘴或脚的鹬鹬偶尔可见，但这次夹住的恰好是一只有"身份证"的鸟——她的右腿上佩戴着白色旗标，旗标上的编码是 ASH。据此可以查出，她是一只在南半球的新西兰北岛环志的雌性斑尾塍鹬。

ASH 周围的同伴正在刚开始落潮的滩涂上寻找食物，她却只能站在水中，表情看似郁闷地等待蛤的脱落，不知要等多久。这时已经是它们出发去北美阿拉斯加繁殖地的前夕，它们体型明显肥壮。

鸭绿江是中朝界河，在中国丹东流入黄海，入海口有大面积的滨海滩涂，富有贝类、螃蟹等，众多迁徙水鸟尤其是斑尾塍鹬选择了在这里停歇觅食。通过卫星跟踪显示，一只在新西

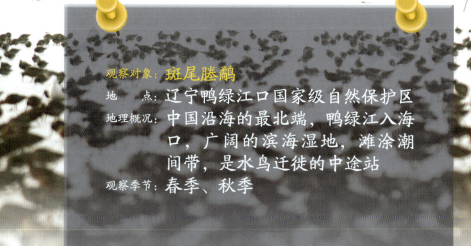

观察对象：斑尾塍鹬
地　　点：辽宁鸭绿江口国家级自然保护区
地理概况：中国沿海的最北端，鸭绿江入海口，广阔的滨海湿地，滩涂潮间带，是水鸟迁徙的中途站
观察季节：春季、秋季

兰环志的"E7"号斑尾塍鹬，2007 年春季创下了 181 小时从新西兰穿越太平洋直抵鸭绿江口 10 219 千米的鸟类连续飞行世界纪录；秋季返程时，它从阿拉斯加繁殖地一口气飞回新西兰越冬地，用了 8 天又 12 小时，全程 11 570 千米，刷新了自己的纪录。ASH 也有传奇。

时隔两年的 2013 年 4 月 13 日，当我在鸭绿江口湿地再次看到 ASH，读出编码后几乎喊出声，想起她上次倒霉的样子。和她说了声"Hello"，我拍了张照片留念。她刚刚开始换繁殖羽，还比较瘦，正在滩涂上觅食，以蓄积足够的脂肪再继续飞行。

同一只鸟，不同年份在同一个地点被发现，甚至是站在同一个池塘里，真是有点不可思议。ASH 证明了迁徙鸟类是如何忠实于自己的栖息地，它们飞越太平洋历经半个地球来到鸭绿江口，就像我们旅行一趟回家，推开自己家门一样。

斑尾塍鹬繁殖羽

可以想象一下，如果你看到一只确认是从大洋洲飞来的鸟，隔了两年又在几乎相同的位置再次看见它，会是怎样的心情？

再想象一下，如果没有了保护区，滨海滩涂被填埋盖了房子，这些鸟儿在迁徙路上找不到经停站的家门，补充不上食物，你又会是怎样的心情？

为迁徙的水鸟喝彩，也为它们担忧！

（文：白清泉，图：张锡贤、白清泉、张明）

被蛤夹住嘴的 ASH

观察思考
沿海滩涂对于迁徙水鸟意味着什么？

凤头鹏鹬的春之舞

观察对象：**凤头鹏鹬、黑嘴鸥、红脚鹬等**
地   点：**辽宁双台河口国家级自然保护区**
地理概况：**渤海北岸的辽东湾辽河入海口，**
         河海交汇，滩涂广阔
观察季节：**春季、夏季、秋季**

4月下旬从北京去盘锦，车出山海关，关内杨柳吐绿，关外仍是枯黄，但一到双台河口保护区的滨海滩涂，喧闹的鸟叫宣示着，春天已经到了。

黑嘴鸥分散在草地上开始选址建巢，起起落落不亦乐乎。忙碌之余，它们会到一大片湖水中洗澡，翻腾嬉戏，吵吵闹闹。双台河口是全球最大的黑嘴鸥繁殖地，盐碱滩上聚集了它们3000多个巢。

银铃般的叫声在近处响起，眼前的水塘边泥地上，落下两只小小的鹬，细细的红嘴红脚，斑斓的羽色，白色的腹部，是红脚鹬。雄鸟围着雌鸟跳起舞来，完成了求婚仪式，双双飞到远处的草丛里，准备养育自己的小宝宝。

更精彩的求婚仪式在水面上上演。一对对的凤头䴙䴘已经换上了"婚羽"，脸颊两侧一圈蓬松的红色羽毛，两撮羽簇高耸在头顶，与尖尖的嘴搭配，活脱一只小狐狸。它们冬天头顶和后背褐色，颈前和腹部白色，

红脚鹬

没有这样鲜艳，而进入繁殖期，则是如此一番盛装打扮。

披婚装还不够，谈恋爱一定要跳舞。眼前的这对凤头䴙䴘脸对脸相向浮在水面上，先是很有节奏地你一下我一下轮流垂头向对方示爱，然后一同潜下水去，又一同钻出来，嘴上都衔了长长的水草，表示要共筑爱巢养育宝宝。最后它们并排挺直了身体，白肚皮朝前，脖子弯成弧形，一起用双脚踩水，在水面上快速并行，舞步高度一致，踏出纷纷扰扰的水花——"婚礼"达到了高潮。

䴙䴘科在中国有 5 种，小䴙䴘、黑颈䴙䴘、角䴙䴘、赤颈䴙䴘和凤头䴙䴘。凤头䴙䴘是体型最大也最漂亮的一种。䴙䴘的脚趾上长了一瓣一瓣的蹼，擅长游泳和潜水，非让它走路就一拐一拐的了。䴙䴘这两个字的写法，就是古人根据它们不善行走的特点创造的：辟，近于偏；蹄的繁体字是"蹏"，换了鸟旁，意思就是"瘸腿的鸟"。

"瘸子"们几乎不上岸，用水草铺起来的巢就像个草堆在水面上漂着，翻身上去就孵卵，翻身下来就入水逮鱼虾。而它们的孩子出生后，一个个的小绒球，却都是"大花脸"，脸上斑纹一道一道的。它们紧跟着爸妈游泳，还总是爬到爸爸妈妈

身上，像坐船一样。不过这种景象要等夏天才能看到，春之舞的结晶要一个多月以后才能诞生。

　　秋天来临，䴙䴘父母的"婚装"颜色褪去，而年轻的凤头䴙䴘已出落得跟父母一样修长挺拔。那时，它们跟父母一起南飞，到不结冰的河流湖泊去越冬，等来年春天再北上。黑嘴鸥、红脚鹬和很多鸟类都是这样，一年一度地南北迁徙，哪怕要飞几千千米。

（文：钟嘉，图：张明、张岩）

观察思考
　　凤头䴙䴘的恋爱舞蹈中，为什么要衔水草呢？

为震旦鸦雀
留下芦苇荡

观察对象：**震旦鸦雀**

地　　点：山东黄河三角洲国家级自然保护区

地理概况：黄河三角洲是由黄河携带大量泥沙入海而形成的冲积平原，保存着中国暖温带最年轻、最广阔、最完整的湿地，并不断向海洋延伸。面积达3500平方千米

观察季节：四季，最好在11月

初冬时节，黄河三角洲迎来了最美的日子——芦花雪白，万鸟翻飞。

小船划进被芦苇丛分割的水面，两边三四米高的芦苇微微摇着白色的芦花，远处成群的野鸭在游弋。露出水面的一块泥滩上，十几只长嘴长脚的鹬在休息，有的单脚独立埋头瞌睡，有的抖抖翅膀啄啄羽毛清洁自己。一个小泥墩上是 3 只胖胖的沙锥，一下一下用长嘴到泥里探吃的。堤岸上立着高大的灰色苍鹭，电线杆顶蹲着猛禽或黑鹳，它们都是到芦苇沼地来聚餐的客人。

船夫忽然指着临水的芦苇丛说："听，鸟叫！"然后迅速划桨把小船摆近。两只棕黄色长长尾巴的大头鸟攀在苇秆上，有着带钩的短短大黄嘴，灰色的头脸上描着黑色长眉纹。它们从这一根苇秆跳向另一根苇秆，不断招呼着同伴，在苇丛里游荡。这是一种十分少见的小鸟，过去认为分布于长江下游和江苏沿海，还有一支在黑龙江下游及辽宁。它们最早被发现于江苏南京，取名"震旦鸦雀"。

震旦鸦雀的英文名字是 REED PARROTBILL，即芦苇鸦雀，因为它们仅以芦苇地为家园，并不长途迁徙。别看它们的嘴很大，却很巧，可以撕开苇叶取其中的纤维，绕在苇秆间编成巢。它们也善用这张嘴剥开苇秆取食里面的昆虫。但由于芦苇地大量被开垦，震旦鸦雀的栖息地也越来越少，因此这个长相很"萌"的小

鸟已被列入国际濒危鸟种名单。在上海、江苏沿海的各保护区里，保留了大面积的芦苇地，它们过得还算好。而在黄河三角洲保护区里的芦苇荡也成为它们良好的避难所。黄河中下游沿线最近几年多处发现震旦鸦雀，无一例外，都是保留了大片芦苇荡的地方。

"震旦"是梵语，特指中国。一种小鸟取了这样的名字，相当于一个中国符号，它们的存亡与国家荣誉相连。如果震旦鸦雀生存堪忧，作为它的家乡人，我们是不是也会坐立不安？

黄河三角洲的芦苇湿地是由公司经营的造纸原料基地，我把发现震旦鸦雀的消息告诉了公司老板，希望收割芦苇的时候一定

要留一部分给震旦鸦雀，他很高兴　　地答应了，因为公司的收
益不仅仅着眼于芦苇。盐碱滩经过　　引水灌水，芦苇生长的
同时，其他水生生物也繁盛起来，中秋时毛蟹大丰收，入
冬后候鸟来了不少，引来了来看丹顶鹤、白鹤和震旦鸦
雀的观鸟人，发展了旅游业。黄河三角洲是保护区，
野生生物都受到保护，这里的芦苇地能取得经济效益
与生态效益双丰收，何乐而不为？

（文：钟嘉，图：袁屏、刘月良、李在军）

观察思考

震旦鸦雀的英文名字为什么叫芦苇鸦雀？

观察对象：**卷羽鹈鹕**

地　　点：江苏盐城沿海滩涂珍禽国家级
　　　　　自然保护区

地理概况：海岸带保护区，滩涂辽阔，河
　　　　　流纵横，芦苇丛生，大小湖泊
　　　　　星罗棋布

观察季节：春季、秋季

"绵羊宝宝" 来了

"绵羊宝宝"是苏北渔民对卷羽鹈鹕的昵称，它们憨态可掬的形象被活灵活现地勾勒出来。卷羽鹈鹕体长约 1.7 米，体重约 20 斤，加上卷卷的羽毛，可不真像一只绵羊么。

　　国内最著名的卷羽鹈鹕照片，由上海观鸟者王吉衣在 2006 年 2 月摄于福建闽江口——4 只卷羽鹈鹕排成一排合作捕鱼，整齐有力还带点滑稽，被诙谐地命名为"蒙古御林军"。因为这个卷羽鹈鹕种群的繁殖地是蒙古国。

　　卷羽鹈鹕喜群居，善于群体合作捕鱼，一起将鱼群赶到浅水处，然后钻进水中用大嘴巴抄鱼。它那皮肤质的喉囊，不断闭拢收缩，把水排出，再把鱼吞下去。

　　卷羽鹈鹕的几个独立种群，分布于欧洲东南部、非洲北部和亚洲东部。繁殖于蒙古国的东部种群，目前数量只有 130 只左右，已经极其濒危。迁徙季节和冬天在苏北连云港、盐城，直到浙江、福建、广东沿海一带的卷羽鹈鹕，就是这个濒危种群。它们在迁徙中，需要在中途的湿地湖泊停歇，捕鱼，补充体力，江苏盐城沿海滩涂珍禽国家级自然保护区就是它们最重要的栖息地之一。

　　卷羽鹈鹕在中国沿海被关注始于 2000 年 1 月 13 日，观鸟者在盐城保护区记录到 8 只。最有意思的记录是 2005 年 3 月 21 日，厦门大学上空有 14 只卷羽鹈鹕飞过，而前一天，广东海丰"丢"了 14 只鹈鹕。大家猜测这 14 只是从海丰飞过来的，并引发讨论：应该开展沿海水鸟同步调查，以便了解各个时段的水鸟分布和迁徙情况。于是，当年秋天，北起辽宁鸭绿江口，南到广东深圳和香港，现在又延伸到广西北海，整个中国沿海的重要滩涂每个月几乎都有观鸟志愿者去监测水鸟迁徙。到 2013 年 10 月，这项同步调查已经坚持了整整 8 年，大量鸟类迁徙数据被收集。

　　每到迁徙季节，卷羽鹈鹕一出现，"绵羊宝宝来了"的消息一站一站传递着，也一站一站记录着它们的行踪和数量。

　　2013 年 3 月 18 日，盐城保护区来了 72 只卷羽鹈鹕，是近年来数量比较多的，很有可能是东亚种群的全部。同年 10 月，它们又回到盐城保护区老地方，停留了一个月，在河汊里飞来飞去抓鱼吃，这证明这里是卷羽鹈鹕迁徙路线中非常重要的栖息地。

　　卷羽鹈鹕也连续多年在浙江的温州湾越冬，但因为那里的滩涂不断被填埋，它们不得不向更远的海边迁移。如果沿海有更多像盐城这样的保护区，卷羽鹈鹕们的日子就会过得更好一些。

（文：袁屏，图：陈青骞、王吉衣、汤正华、董文晓）

观察思考
　　卷羽鹈鹕为什么叫"绵羊宝宝"？又为什么叫"蒙古御林军"呢？

与"四不像"的美丽邂逅

　　小时候就听说麋鹿是"四不像"：头像马、角像鹿、颈像骆驼、尾像驴。化石记录显示，麋鹿是我国东部和中部地区湿地环境中广泛分布的动物，在距今一万年前到三千年前种群十分繁盛，有可能超过亿头，分布中心在长江中下游地区。史书上留下了诸多对麋鹿的记载。

　　不幸的是，这种神奇的鹿，却由于人类活动的影响而日趋稀少。元朝时，喜爱骑射的王公贵族专门从黄海边捕捉麋鹿运往北京供打猎消遣。到清朝初年，广袤的中华大地上就只有一两百头麋鹿饲养在北京南海子皇家猎苑，麋鹿已经在野外绝迹。1894年，洪水冲垮了南海子猎苑的围墙，许多麋鹿逃到了野外，成为那时饥民的果腹之物。

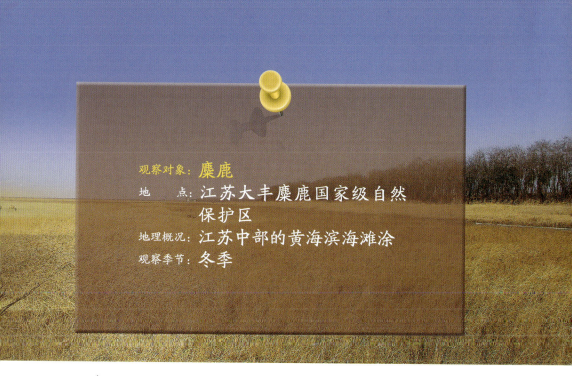

观察对象: **麋鹿**

地　　点: **江苏大丰麋鹿国家级自然保护区**

地理概况: **江苏中部的黄海滨海滩涂**

观察季节: **冬季**

1900 年八国联军又到此地将剩余的麋鹿抢走带到欧洲，从此麋鹿在中国彻底绝迹。

1898 年起，英国的十一世贝福特公爵花重金陆续将散布在法国、德国、比利时等地动物园的最后 18 头麋鹿悉数买下，散放在伦敦以北的乌邦寺庄园，成为麋鹿这个物种继续繁衍的最后一点薪火。1985 年，英国政府将 22 头麋鹿赠还给中国，被安置在南海子——它们在中国最后消失的地方。1986 年，又有 39 头麋鹿由英国运抵江苏大丰，麋鹿终于回到了它们的野生祖先曾经最后栖息的沿海滩涂。

2013 年 12 月一个晴朗的冬日午后，我们沿着海滨驱车从南边驶向大丰，沿海滩涂主要是鱼

塘蟹塘。进入大丰后，放眼望去是枯黄的高草丛，"这里居然还保留着自然滩涂？"眼前的景象蔚为壮观，枯黄的色彩一眼望不到边，"要是能看到一头麋鹿就好了！"说来就来，我们接连看到了草食动物的粪便和蹄印，还有一条清晰的足迹链，将我们引向一个浅浅的水塘，这里四周布满了脚印和粪便。

"这肯定是麋鹿活动的地方了！"可是，麋鹿在哪儿呢？我们继续前进，车刚刚开出去十分钟，"在那里！在那里！"在三四百米远的茫茫草丛中一片没有植被的空地上，一大群黑压压的身影，正是麋鹿！

这就是那 39 头被野放后的麋鹿和它们的后代，没有围栏，道路就在一旁，重回故里的麋鹿和人类相处得很和谐呢！

　　鹿群中有一头个体的脖子上挂着一个项圈，这无疑是用来进行野生动物无线电遥测跟踪的。群里不少高大的雄鹿正在换角，有的只剩下了一根角，有的已经萌发了毛茸茸的新鹿角，群里还有幼年的小麋鹿呢！

　　麋鹿们发出"嗷、嗷"的叫声，有几头甚至挺起身子用后腿站立起来相互打闹，生活过得悠闲舒适。看麋鹿能够在野外自行繁殖和哺育后代，大丰保护区取得了野生动物保护和物种重引入的成功！

（文：何鑫，图：何鑫、程翊欣、姚力）

观察思考
　　麋鹿的故乡是英国还是中国？

站在高高的玉兰树下

观察对象：**宝华玉兰**
地　　点：江苏句容宝华山国家森林公园
地理概况：宝华山地处宁镇山脉中段，周
　　　　　边群山环绕，山中流泉汩汩，
　　　　　大树参天，是省级自然保护区
观察季节：春季

从南京往东约 25 千米，宝华山自然保护区就坐落在 312 国道南侧。宝华山因为有座千年古刹隆昌寺而远近闻名，但偏偏有人不为拜佛而来，只为寻觅生长在宝华山中的稀世珍宝——宝华玉兰。

说起宝华玉兰，那要追寻到 1933 年，我国著名树木分类学家郑万均先生来到宝华山进行物种资源调查。他在宝华山北坡的天然次生林里，发现并首先采集到宝华玉兰的标本。它不同于花期相近的白玉兰，更不同于二乔玉兰，是介于玉兰和木莲之间的一个自然种，仅存于宝华山谷地狭小区域，由林学界泰斗陈嵘教授鉴定命名。

神秘的宝华玉兰，只分布在江苏句容的宝华山上，更奇妙的是，只生长在北坡，海拔必须是 220 米左右，离开这个环境就很难生存。最初，人们在宝华山上只找到 18 棵宝华玉兰，它们稀稀散散地生活在各种阔叶林中。由于山坡下的灌木层不断被破坏，周边毛竹林不断扩张，使得本来就孤立无依的宝华玉兰，自然繁衍更加困难，濒临灭绝。

沿着盘山路到半山腰，这里有乾隆御道的牌子。驻足往山上看，正是早春二月，春寒料峭，山林似乎还没有从寒冬中苏

醒过来，一片枯败的颜色，却能看到东一团、西一簇的大团粉色镶嵌在灰褐色的山林间，分外显眼，这就是宝华玉兰了。宝华玉兰开花比别的玉兰都早，但花期只有 15 天，一不经意，就会错过花期。

宝华玉兰散落分布在那些竹林、阔叶林和针叶林混交的树林中。其中有一棵 110 多年的大树，树出乎意料地高，要看清楚那些花朵，得借助望远镜。仰着脖子看，满树繁花像天上的星斗，数也数不清！宝华玉兰的花瓣很奇特，顶端白色，根部紫色，九片花瓣像九把汤匙。在这满树的花谢落之后，叶子才开始萌发。

远在 300 万年前，宝华玉兰的祖先曾繁荣地生活在东亚大陆。后来自然界气候发生巨大变化，历经冰河期的严寒，一些植物南移，一些植物灭绝。而长江之滨的宝华山，地形复杂，

小气候温和，在沟谷坡地保存了宝华玉兰这古老树种。今天能够站在这样一棵充满传奇的宝华玉兰树下，竟然有了穿越时空的感觉！

值得欣慰的是，经过植物学家的努力，宝华玉兰已经人工繁殖成功。公园路边一排排人工栽培的宝华玉兰，让人更近距离地观赏它们美丽的花。宝华玉兰已经被多个城市的植物园、公园引进栽培，走出了灭绝的阴影，而宝华山上的野生树种却更显弥足珍贵了。

（文／图：袁屏）

观察思考
为什么最初只找到18棵宝华玉兰？

"神话之鸟" 归来

观察对象: 中华凤头燕鸥
地　　点: 浙江象山韭山列岛国家级自然保护区
地理概况: 浙江东部海域的一系列小岛, 是大黄
　　　　　鱼等鱼类的重要洄游繁殖场, 也是重
　　　　　要的海鸟繁殖岛群
观察季节: 夏季

2013 年夏季，我参加了在韭山列岛的一项重要试验——用假鸟招引，使中华凤头燕鸥回到曾经的繁殖地。

　　中华凤头燕鸥是全世界最濒危的物种之一，可能只剩 50 多只。它们于 1863 年在婆罗洲被发现，1937 年后不知所踪，直到 2000 年和 2004 年，分别在马祖和韭山列岛重新被发现，它们被称为"神话之鸟"。

　　中华凤头燕鸥每年夏天在中国东部沿海的无人小岛上繁殖，近年来在浙江沿海的韭山列岛和五峙山列岛、台湾海峡的马祖列岛有记录，9 月后南迁到南中国海和印度尼西亚等地

越冬，来年 4—5 月返回繁殖地。它们选择跟数量庞大的近亲大凤头燕鸥做邻居，混在一个大的繁殖群体中，这样可以得到庇护，躲开天敌。

　　韭山列岛前几年有人非法上岛拣鸟蛋，燕鸥不得已离开了。2013 年，中外多方合作，在一个小岛上放置假燕鸥模型，还不间断地播放燕鸥的鸣叫录音，想吸引中华凤头燕鸥和大凤

头燕鸥群继续来岛上繁殖。

从 5 月起到 6 月下旬，监测人员在相距 600 米的一个大岛上远远地监测对面放假鸟的小岛。前 40 天只有几只大凤头燕鸥来看了看，虽然曾很滑稽地试探与假鸟交配，但很快就离开了。

7 月中旬一场台风过后，19 日，岛上来了 20 只大凤头燕鸥；21 日，上千只大凤头燕鸥聚来，里面还有 4 只中华凤头燕鸥！"神话之鸟"归来了！

8 月又一场暴风雨之后，监测继续。当船靠近小岛，不断有燕鸥飞到船后寻找食物。船的螺旋桨会把小鱼打晕，燕鸥就会来捡拾，很有生存智慧。船逐渐靠近小岛，500 米、300 米，鸟儿都还在，它们顶住了坏天气。近到 100 米了，在大群体羽深色的大凤头燕鸥中，看到 3 只体羽洁白而嘴端黑色的中华凤头燕鸥。

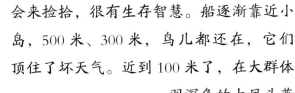

假鸟引来了真鸟

74

　　我们在大岛上架起单筒望远镜对燕鸥计数。第一遍计数快结束时，有些毛茸茸的小家伙出现在望远镜中，是雏鸟，它们在暴风雨中破壳而出。

　　小燕鸥的爸爸妈妈们，在岛屿和海面上不停往返，为宝宝带回新鲜的小鱼。还在孵蛋的大鸟，都趴在卵上，并不时翻动，让卵受热均匀。燕鸥是大嗓门，常常和隔壁邻居打斗吵嘴，在热热闹闹的燕鸥群中，我们一共数到了 14 只中华凤头燕鸥，有 1 只雏鸟，4 只成鸟围着它转，可能是亲戚来探望小宝宝吧？

　　监测在 9 月底结束，离开的前一天，有一只中华凤头燕鸥的幼鸟已经能够飞行！对如此稀少的鸟类，这绝对是一个好消息！

（文／图：黄秦）

观察思考

中华凤头燕鸥为什么要和大凤头燕鸥混群繁殖？

深山有珍禽

　　山路弯弯，距海拔 2000 多米的武夷山顶峰还有 29 千米。车上的客人提醒司机："慢慢走，车窗要打开，看见鸟就停车……"

　　这是一个台湾生态考察团，来看武夷山的珍稀鸟类。上午在著名的挂墩村没有看到外国人曾经以挂墩命名的短尾鸦雀，因为上百年的人类活动，当年采集标本的地方，环境已大为改变，竹林替代了原生树木。大家都期待着山上保护区的核心区里会不一样。

　　"停车！"海拔高处大雾弥漫，混沌中，一只白鹇从路侧跑下山坡，它鲜红的脸，白色

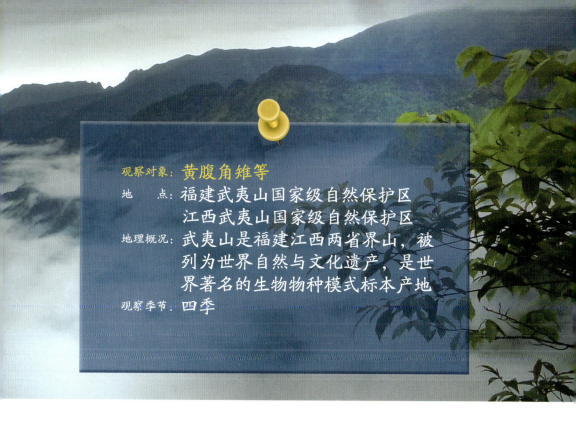

观察对象: **黄腹角雉等**

地　　点: 福建武夷山国家级自然保护区
江西武夷山国家级自然保护区

地理概况: 武夷山是福建江西两省界山，被列为世界自然与文化遗产，是世界著名的生物物种模式标本产地

观察季节: 四季

羽毛和长长的尾羽如披婚纱一般，让车内的人激动了一阵。白鹇是一种大型雉类，禁猎之后，数量恢复很快。

又一次停车，是一只棕色小鸟在发出刮梳子齿似的声音，另一只深蓝色的小鸟蹦了过来，是一对儿小仙鹟。小仙鹟主要分布在西南山地，怎么会出现在华东的武夷山？带队的鸟类学者说，这叫"隔离分布"。不止小仙鹟，有好多鸟种在西南分布，隔着上千千米在武夷山另有一支孤立种群，这要研究地质、气候的久远变迁才能解释，武夷山也因此独特。

快到顶峰时，路上有个小猪般的家伙跑上山坡。"狗獾？""是猪獾吧？"

獾

一时没有定论。能这么近距离地看见一只鬣,说明动物们在山上的数量不算少。

慢慢行车的最主要目标是黄腹角雉。这种国家一级保护鸟类,数量稀少而且仅在武夷山和南岭高海拔地区狭域分布。繁殖期它们长着两只蓝色的"角",喉咙处有红色蓝色斑纹的大大肉垂,发情时会鼓起来。上山前没人打包票能遇见这罕见的宝贝,可行车半小时不到,首车就遇到第一只雌性黄腹角雉。下山时走了约10千米,两只雄性黄腹角雉赫然在雾中现身,从

容漫步在路中间。待三辆车上的所有客人都下来,看清了它们的尊容,这两只珍贵的鸡才步下山路进入密林。

一位已经64岁的台湾客人,激动得和大陆朋友拥抱,连说"谢谢"。他30多年周游世界观鸟无数,来武夷山能这么清

楚地看见白鹏和黄腹角雉，太高兴了！这些珍稀鸟种在武夷山能悠然生活，保护区功不可没。

其实前一天来的香港客人更有奇遇。一只黄腹角雉在他经过之后从山坡下走上了山路，待他回头时，角雉又走下山坡进入浓密的树丛。香港客人正在呆立失望中，那只角雉居然返身再次走上山路，冲着他走过来，他紧张得扑通跪下，举相机却因距离太近而爆了框——没拍下鸡脚爪！

（文：钟嘉，图：林剑声）

观察思考

为什么很多野生雉类都是数量稀少、处于危机中的珍稀物种？

原来你不是蝴蝶

　　清晨，沿着峨眉峰的林中土路漫步，当太阳升起后，一只小小的黑白色蝴蝶在头顶飞动。多漂亮啊，我赶紧举望远镜观看，白色的翅膀镶着黑白花的蕾丝花边！

　　这样的蝴蝶我以前肯定没有见过，只有拍下来，才可以回家查图鉴，要不然永远也不知道这蝴蝶的名字。蝴蝶就喜欢在太阳下不停地飞舞，晒太阳，因为它们的翅膀需要吸收太阳能。整个上午，黑白蕾丝花边的蝴蝶都在周围飞，没有一只落下来能让我拍张照片。

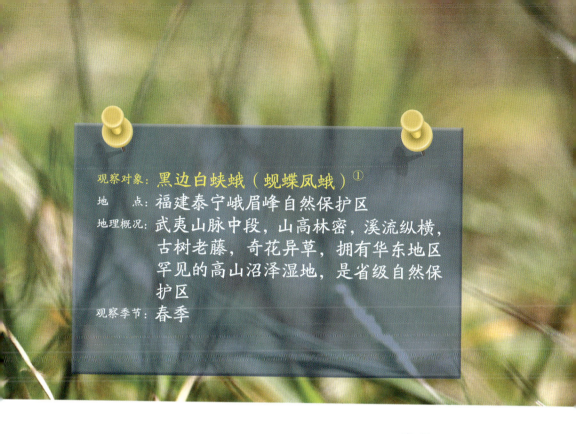

观察对象：黑边白蛱蛾（蚬蝶凤蛾）①
地　　点：福建泰宁峨眉峰自然保护区
地理概况：武夷山脉中段，山高林密，溪流纵横，古树老藤，奇花异草，拥有华东地区罕见的高山沼泽湿地，是省级自然保护区
观察季节：春季

中午的时候我拐进了大路旁边的小路，突然看到了一只蝴蝶落在不远的草丛上，那不就是上午到处飞的黑白蝴蝶吗？机会很难得啊，我想都没想，赶紧快速地、蹑手蹑脚地、悄悄地趴到草地上，迅速对焦，按快门。只有几秒钟，蝴蝶就飞走了。野外观察最让人郁闷的就是你看到的东西常常没有来得及留下任何记录，它们就飞走了。还好今天我没有遗憾。

把照片给朋友看，居然得到一句："这不

点玄灰蝶

————————————
①黑边白蛱蛾在张巍巍等主编的《中国昆虫生态大图鉴》上叫"蚬蝶凤蛾"。

是蝴蝶，是黑边白蛱蛾！"蛾子不都是夜行性的吗？也有白天出来飞的蛾子啊。原来，白天出来飞的蛾子都相对漂亮一些，而这种黑边白蛱蛾就是一种非常像蝴蝶的蛾子，听说也曾让某些学者上当，把它作为福建的蝶类新种而发表，后来才发现原来是个错误的鉴定。仔细看看黑边白蛱蛾的触角，就会发现，它的触角是线状，不像蝴蝶触角那样先端膨大。比如点玄灰蝶的触角，就像高尔夫球的球棒一样，到顶端有个圆球。

蝴蝶和蛾类同属于昆虫纲鳞翅目，它们是不同的类群，有些种类却相似，不容易分辨。大部分蛾类都是夜晚出来活动的，白天通常在比较隐蔽的地方休息，不太容易被发现。不过稍微留心，还是可以在墙角、树叶下面或石头缝里找到趴在那里睡觉的蛾子。白天出来活动的蛾子通常在外形上更接近蝴蝶，色彩也更艳丽一些。

而那些颜色暗淡的蛾子通常都是晚上才出来活动。在峨眉峰宾馆的墙壁上，我们发现了两种趴在墙壁上睡觉的蛾子，淡黄双斑尾尺蛾和某种夜

淡黄双斑尾尺蛾

蛾。它们具有非常鲜明的蛾类特点，翅膀上的鳞片厚而且密，呈现茸毛状。因为晚上没有太阳，夜行性的蛾子需要自身储藏更多的热量，就跟我们到了冬天需要穿上棉衣一样。相比之下，蝴蝶翅膀上的鳞片比较平滑，它们在白天很容易吸收太阳能。

（文／图：袁屏）

观察思考

蛾子和蝴蝶有哪些不同？

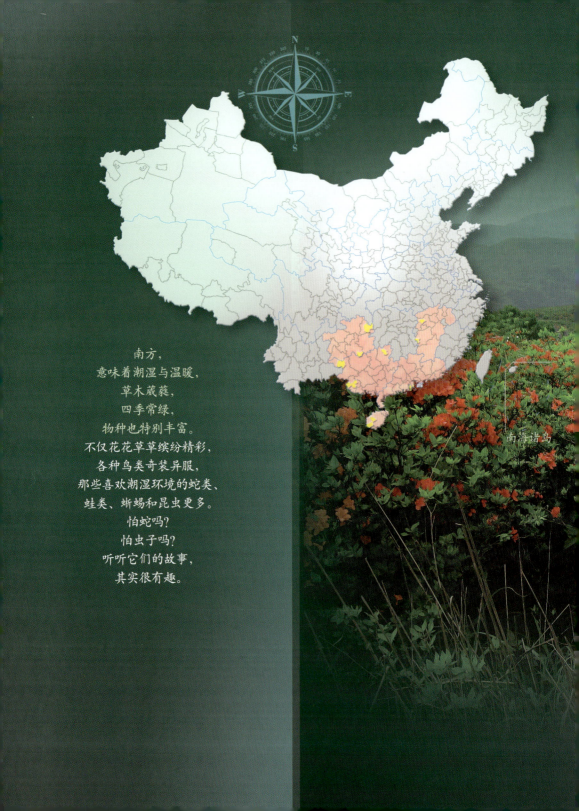

南方，
意味着潮湿与温暖，
草木葳蕤，
四季常绿，
物种也特别丰富。
不仅花花草草缤纷精彩，
各种鸟类奇装异服，
那些喜欢潮湿环境的蛇类、
蛙类、蜥蜴和昆虫更多。
怕蛇吗？
怕虫子吗？
听听它们的故事，
其实很有趣。

南海诸岛

南方保护区的森林类型很多样，
因纬度不同、海拔不同、地质不同而树种不同，
既有热带季风雨林，也有亚热带针阔混交林，
还有喀斯特森林等，洋洋大观。
里面的珍稀植物很有学问，里面的动物更是奇特哦。

而珠江口海域的中华白海豚提醒我们，
海洋里也有可爱的精灵，
我们以往是不是了解得太少了？

令人扼腕的是，
今天我们才认识到很多物种已经处于濒危境地，
保护区在做努力，
全社会也都应该保护它们，
希望还不算太晚。

【南】
SOUTH

W h y **blue** **sheep** *n e e d   w o l v e s*

大树蛙的恋爱季

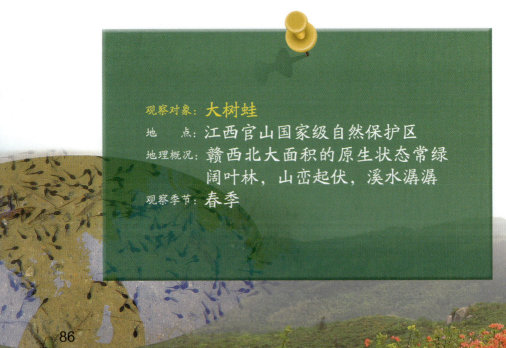

观察对象：**大树蛙**

地　　点：江西官山国家级自然保护区

地理概况：赣西北大面积的原生状态常绿
　　　　　阔叶林，山峦起伏，溪水潺潺

观察季节：春季

　　车子拐进山路，细雨蒙蒙中，沿着一条清澈的河流，我们进入了官山保护区郁郁葱葱的山林。我期待着天快点黑，因为蛙是夜行性的，天黑以后才是找蛙的好时候。

　　春天是蛙们恋爱的季节，雄蛙会鼓起鸣囊吸引雌蛙，循着声音就能找到它们。没想到今天找蛙那么容易，保护站门口的水池就传来了蛙鸣，手电筒照过去，两只碧绿的大树蛙正抱在一起。这是我第一次看到大树蛙，趴在上面的雄蛙比下面的雌蛙小很多，不懂的人会认为是蛙妈妈背着一个蛙宝宝。雌蛙担负着产卵的任务，当然要胖胖的才行。抱对，是蛙的繁殖行为。我担心打扰到它们，所以小心翼翼地慢慢靠近，后来发现它们根本不在乎我的到来，这是我观察蛙类最轻松的一次。

　　大树蛙的绿，感觉像是用颜料厚厚地涂出来的，它们的身上还有一些不规则的斑点。我试图找出这些斑点的规律，是不是每只蛙都一样。水池的周边还有几只单只的大树蛙，一只只地

看，发现雌蛙的斑点明显比雄蛙多。水池的一角，漂浮着一大堆肥皂沫一样的东西，保护区的工作人员说，这是大树蛙产的卵。以前观察过中华大蟾蜍产卵，它们是在水中抱对产卵，卵是黑黑的线状，很长很长。而大树蛙为什么要把卵产在泡沫里呢？

第二天醒来，急忙又去水边找大树蛙。原以为，天一亮，它们就会躲起来了，让我吃惊的是，它们仍然在水池边，一动不动地抱在一起，雄蛙

沿山路徒步，
看到路边的茅草上，
高高的竹子上，
挂着好几堆泡沫，
都是大树蛙的卵。

而路上的水坑里，
已经有了很多游动的小蝌蚪，

这就是大树蛙
把卵产在泡沫里的原因。

眯着眼睛，似睡非睡的样子。而那些单只的大树蛙已经不见了踪影，又去别地找配偶了吧。

沿山路徒步，看到路边的茅草上，高高的竹子上，挂着好几堆泡沫，都是大树蛙的卵。而路上的水坑里，已经有了很多游动的小蝌蚪，这就是大树蛙把卵产在泡沫里的原因。

原来，大树蛙平常生活在树上，它们在雨季把卵产在水边的茅草上、树枝上，借着雨水把卵冲到树下的小溪、水坑中，让它们在那里慢慢孵化、长大。路面中间的积水也成了大树蛙的选择，那里也有很多泡沫，但水坑的水很浅，如果连续晴天把水晒干了，这些蝌蚪就活不了啦。不过大树蛙的卵成千上万，总有运气好的能遇上不干的水坑。水池边的大树蛙，也许就是选了个水不会枯竭的地方，让自己的卵更安全。

蛙类以昆虫为食，大大小小有很多不同的种。大树蛙属于树蛙科，居住在树林里或者灌木丛中。碧绿的颜色是它们的保护色，但在产卵期它们常离开树林来到水边，暴露在绿色之外，而且它们产卵还需要长时间的抱对，因此产卵期是大树蛙最脆弱的时期，这个时候它们很容易受到伤害。好在官山的树林、流水都保护得很好，又有护林员的呵护，才有那么多大树蛙放心地在这里生孩子。

(文／图：袁屏)

观察思考

所有的蛙交配时都是这样抱着的吗？为什么雄蛙个子小呢？

岭上开遍映山红

观察对象：**猴头杜鹃、映山红、羊踯躅等杜鹃花**

地　　点：江西井冈山国家级自然保护区

地理概况：井冈山地处罗霄山脉中段，是赣江和湘江的分水岭。山体陡峭，生境多样。植被起源古老，素有"第三纪型森林"的美誉

观察季节：春季

江西井冈山一直以革命圣地而名满天下，但是井冈山自然保护区的杜鹃花可能鲜为人知。有一首传唱很广很久的歌叫《映山红》："若要盼得哟红军来，岭上开遍哟映山红……"歌里面的故事就来自江西革命老区，映山红就是杜鹃花的一种，而满山遍野的杜鹃花，仍旧在今天的井冈山上盛开着。

　　井冈山拥有全球同纬度保存最完整的中亚热带天然常绿阔叶林，其中有野生杜鹃花大约30多种，现在每年4月都举办杜鹃花节。从3月开始，井冈山低山的鹿角杜鹃、羊踯躅、马银花就陆续开放，姹紫嫣红。4月中旬，笔架山上的杜鹃花进入盛花期，称为"十里杜鹃长廊"的山路边，大片的粉红色云锦杜鹃、洁白而清香的江西杜鹃、流苏状花蕊的长蕊杜鹃，还有迷你型的背绒杜鹃、玫瑰红的二叶杜鹃……沿山路上下都是杜鹃花，红花、紫花、

羊踯躅

粉花、白花，争奇斗艳，笔架山变成了杜鹃花海。

"十里杜鹃长廊"中，最引人注目的是猴头杜鹃。猴头杜鹃的名字来自于它的花蕊形似猴头，要放大了看，还真像个猴子脸！猴头杜鹃不像背绒杜鹃、三叶杜鹃那样是灌木或小乔木，而是相当高大的乔木，树干粗壮，苍劲有力，可见生长了很多年。井冈山自然保护区对杜鹃花种群结构与动态有专门研究，可以更好地保护猴头杜鹃等各种杜鹃资源。

开黄色花朵的羊踯躅是杜鹃花里最特别的一种，羊踯躅这名字也叫人匪夷所思。原来，羊踯躅有毒，如果人误食会中毒，症状主要为恶心、呕吐、血压下降和呼吸抑制，严重的会因为呼吸衰竭而死亡。所以，在野外千万不要乱尝不认识的植物。羊踯躅也叫闹羊花，羊误食会走不动路，最后死掉，所以叫"羊踯躅"。但是井冈山的老百姓却喜欢把羊踯躅种在自己家门前，为什么呢？原来，羊踯躅虽然有毒，但它却是一

映山红是最常见的鲜红色杜鹃花，在盛花期，
"岭上开遍映山红"，就知这名字的名副其实了。
而很多地方的老百姓
都会不分种类地把所有的杜鹃花都叫映山红。

种常用中药，可用于麻醉、镇痛，治疗风湿性
关节炎、跌打损伤等。

映山红是最常见的鲜红色杜鹃花，在盛花
期，"岭上开遍映山红"，就知这名字的名副其
实了。而很多地方的老百姓都会不分种类地把所有的
杜鹃花都叫映山红。

杜鹃花是酸性土壤指示植物，哪里的杜鹃花种类丰
富，就说明哪里是酸性土壤。中国的杜鹃花分布广泛，
除了新疆和宁夏，其他各省区都有分布。而井冈山国家
级自然保护区的"十里杜鹃"长廊，绝对是欣赏杜鹃花
的好去处，会让你不虚此行。 （文／图：袁屏）

观察思考

为什么不能随便尝不认识的植物？哪种杜鹃花是
有毒的？

清澈溪流蛙的家

中国雨蛙

观察对象: **华南湍蛙、花臭蛙、中国雨蛙**
地　　点: **贵州梵净山国家级自然保护区**
地理概况: **亚热带森林生态系统, 区内冲沟密布, 水系呈典型的放射状向四周分流, 山下溪流纵横, 河道宽阔, 河水清澈、湍急**
观察季节: **夏季**

在梵净山自然保护区的南大门，有一条美丽的黑湾河。黑湾河发源于保护区南部的茴香坪，这里地势开阔平缓，河道铺满大大小小的鹅卵石，两岸绿树成荫。蛙类喜欢生活在水质清澈、植被茂密的池塘、山涧、山林等地，黑湾河正是蛙类理想的家园。

夏夜的黑湾河很安静，站在岸边只听到激流湍急流淌的声音。拿上手电，去河边溜达溜达，湍急的水流中，白天无影无踪的华南湍蛙，这会儿都出来了，有的紧贴在水流中的石壁上，有的蹲在河边。在溪流繁殖的蛙类叫声比较小或不会叫，因为水流声音太大，叫声没什么作用，干脆省了。华南湍蛙就没有声囊，属于不会叫的蛙。

湍蛙因为生活在湍急的溪流中而得名，它们皮肤粗糙，全身布满大大小小的疣粒。为了能紧贴在岩石上不被溪流冲走，

花臭蛙

湍蛙的趾尖末端长着大大的吸盘。湍蛙的幼体蝌蚪身体是扁平的，腹部有个吸盘，也能牢牢吸附在岩石上，就像家里用的吸盘式挂钩一

样。这个季节，小蛙们已经长出腿来了，会牢牢地贴在石头上，不被流水冲走。蛙的本领是先天遗传的，不需要父母来教。

隐隐约约听到"滴、滴、滴"的一声声蛙鸣，是花臭蛙。花臭蛙有一对咽侧下外声囊，是会鸣唱的蛙。蛙鸣各有特点，如果事先了解了不同蛙的叫声，一听就能知道是哪一种类。果然，循声看见大石头上趴着一只穿着"迷彩服"的花臭蛙。

臭蛙真的臭吗？那是当然，但臭蛙只在受到刺激的时候，皮肤上的腺体才会分泌出浓烈臭味，这是臭蛙保护自己的特殊方法。我国的科学家已经从臭蛙皮肤中识别出大量天然抗菌肽，这个研究结果可以为医学提供更好的新型抗菌肽药物。

梵净山半山腰有一些水稻田，里面有中国雨蛙。中国雨蛙曾经广泛分布于我国南方各省，由于农药污染，现在已经很难见到它们的踪影了。中国雨蛙很小，只有 20~30 毫米，一片细细的水稻叶子，就够

华南湍蛙

华南湍蛙蝌蚪　　　　　　　　　　华南湍蛙幼蛙

它站得稳稳当当了。碧绿的雨蛙抱着水稻秆，不太容易被发现。

　　别看雨蛙那么小，它们可是捕捉害虫的能手。研究人员在30平方米的水田里放一只雨蛙，与没有雨蛙的水田相比，黑尾叶蝉减少了50%，稻青虫减少了80%。我们人类在抱怨农产品都有农药残留的时候，有没有反思，正是因为我们自己过度使用农药，伤害了雨蛙这样的小动物，才造成了恶性循环的。梵净山自然保护区是野生动植物的避难所，所以在这里，我们才能看到这些可爱的蛙们。

（文 / 图：袁屏）

观察思考

花臭蛙为什么会臭呢？

百合花海在高山

观察对象：**野百合，大理百合**

地　　点：**贵州梵净山国家级自然保护区**

地理概况：**中亚热带山地季风气候，温暖湿润，山顶云雾缭绕，砂质板岩和石英砂岩形成的地貌，山体庞大深邃，峰峦巍峨雄奇，主峰高耸入云**

观察季节：**夏季**

一早进入梵净山景区大门，就看到山坡上长着一株盛开的野百合。野百合别名狗铃草、响铃草，广泛分布在东北、华南和华东各地，开花像一个大喇叭，非常美丽。我在福建、陕西、河南等很多地方都见过野百合，常常是东一棵西一棵地长在山坡上，很醒目，有时候坐在火车上，抬眼看看山坡也能发现它们呢。

　　中午时分到达一个凉亭，离山顶不远了。用望远镜搜寻远处那些高大、陡峭的山崖，依稀看到一大丛盛开的淡黄色花。那是什么花呢？为了看清楚那些花，继续上山，要在光线还好的时候走到花的面前。

　　没走多远，就在路边发现了一种以前没见过的百合花，花乳白色，花瓣向外反卷，密布着紫色的斑点，是大理百合啊！这是我第一次在野外看到大理百合。它和刚才在山下看到的野百合不一样，野百合的花瓣是平展的，而大理百合的花瓣卷起来。野百合只长在低海拔地区，所以很多地方都可以看到，而大理百合长在高高的山上，只分布在西南山区。

　　再看山顶，发现之前看到的那些成片的花丛原来就是大理百合，白色的花瓣在阳光的照耀下散发出淡淡的温暖黄色，所以远看就是黄色的花海了。

　　终于走到梵净山的山顶，那些层层叠叠的崖壁上、山坡上、灌丛里、寺庙后面，到处都开满了大理百合。一阵大雾涌上来，其他的灌丛都看不清了，只有百合花因为长得高大，花朵在雾中若隐若现。第二天清晨，迎着日出，朝霞把白色的百合花染成了金色。

　　百合家族的花朵有多种颜色，"山丹丹开花红艳艳"，山丹就是一种开红花的

野百合
的花瓣是平展的，
只长在低海拔地区。

早在明代农书《花蔬》中就有
"百合宜兴最多，人以其根馈"的叙述。

百合。百合早有人工栽培，世界各国的人们都很钟爱百合花，中国人更以百合花来寓意"百年好合"。其实中国人工栽培百合是以食用为主，兼为药用，食用部分是百合的鳞茎，主要有兰州百合、宜兴百合和湖南百合。兰州百合甘甜可口，是人们喜爱的菜肴，宜兴百合带点苦味，可以制作消暑的百合汤。早在明代农书《花蔬》中就有"百合宜兴最多，人以其根馈"的叙述。

全球野生百合近100种，中国就有46种，资源丰富。野生百合花朵美丽，根茎又可食用或者药用，常常被采挖。但一些野生百合的鳞茎可能有毒，所以吃人工栽培的百合才安全。

（文／图：袁屏）

观察思考
所有百合的根茎都是可以食用的吗？

幽谷寻兰

短茎隔距兰

观察对象：**梳帽卷瓣兰、短茎隔距兰、镰翅羊耳蒜等**

地　　点：**贵州茂兰国家级自然保护区**

地理概况：**中亚热带原生喀斯特森林。溪流纵横，森林茂密，散步瀑布、溶洞、河流，景色壮丽，生态环境原始、完美又神奇**

观察季节：**夏季**

黔东南荔波县的大山深处，有个茂兰自然保护区。茂兰的意思就是茂盛的兰花，这里的野生兰记录在册的有137种。中国政府已经把大部分兰科植物都列为国家一级、二级保护植物，任何兰花都绝对禁止随意采挖和买卖。我们去茂兰寻找兰花，只能看不能挖哦。

　　中国人热爱兰花，传统文化里"国兰"所指的兰花，一般植株不大，叶形细长，花小而素雅，散发幽香，是兰科兰属的少数地生兰，即春兰、建兰、蕙兰、墨兰等。

　　而茂兰的兰花，大部分是颜色艳丽的附生兰。这类兰花具有气根，附生在长满苔藓、地衣的大树或者石头上。相对"国兰"来说，这类兰花统称"洋兰"，但分布在中国的种类也非常丰富，绝大部分生长在云南、贵州、海南、广西等地。

　　茂兰的兰花种类虽然很多，但是要在喀斯特山里寻找兰花，可不是一件容易的事情。保护站附近一个很不起眼的小山坡，有个小门，外面阳光明媚，钻进树林就到了另一个幽暗天地，怪石嶙峋的山石上，长满了树木、藤萝、苔藓。小心翼翼地爬

岩羊在等
狼回来
Why
blue sheep
need wolves

寻兰之旅虽然艰辛，
但第一次体验幽谷寻兰，
找到了珍稀的兰花，
那种喜悦和快乐难以形容。

上那些铺满腐殖土的石头，每走一步都要试探半天才敢落脚。
终于找到了正在盛开的梳帽卷瓣兰，这兰花远看不起眼，近看
很像妇女插在头发上的发梳。看到不容易，拍下更不容易，没
有一块平坦得可以站脚的石头，一不小心就会踩空掉到石头洞
里去。

兰花一年四季都有不同种类在开放，4月、5月开花的最多，
7月也不少。见识了梳帽卷瓣兰，我们走到河边、瀑布、激流间，
小小的短茎隔距兰附生在头顶上方的树枝上，不留心看，很容
易错过。短茎隔距兰的气生根吸附在树枝上，吸取空气和苔藓
中的水分和营养而生长。

下一个目标是最珍贵的白花兜兰。白花兜兰仅产广西和贵
州极其狭窄的几处喀斯特森林中，现存植株极稀少，已处于濒
危灭绝的边缘。我们跟着保护站站长沿着废弃的长满茂密灌丛

镰翅羊耳蒜

的青石板古道往山里走，草高过腰，石板湿滑无比，既要小心脸和手被茅草、悬钩子划伤，又要顾及脚下不要摔跤，没走多久，就大汗淋漓。好不容易走完青石板，刚松了一口气，又钻进了喀斯特森林，林中根本没有路，站长也走迷糊了。可就在迷路的时候，我们在阴暗的林子里找到了镰翅羊耳蒜，也是一种兰花，总算没有白走一趟。

寻兰之旅虽然艰辛，但第一次体验幽谷寻兰，找到了珍稀的兰花，那种喜悦和快乐难以形容。

（文／图：袁屏）

梳帽卷瓣兰

观察思考

"洋兰"在中国有生长吗？

105

铁杉树下
"三江源"

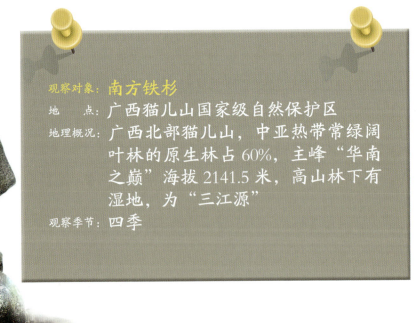

观察对象：**南方铁杉**
地　　点：广西猫儿山国家级自然保护区
地理概况：广西北部猫儿山，中亚热带常绿阔
　　　　　叶林的原生林占 60%，主峰"华南
　　　　　之巅"海拔 2141.5 米，高山林下有
　　　　　湿地，为"三江源"
观察季节：四季

106

　　"桂林山水甲天下"，漓江是中国的旅游胜地。但漓江水从哪里来？漓江的源头在哪里呢？

　　12月正逢寒流来袭，猫儿山主峰上雾气弥漫，冷雨横扫，狂风撕扯。而从"华南之巅"往下，朦胧的大雾中，一棵巨大的南方铁杉立在山路口，好似健硕版的"黄山迎客松"。从这里走进森林，狂风被茂密的树木阻挡，静谧的林中，山茶悄悄开着玫瑰色的花朵，几只绿背山雀在竹丛间啄食，粗粗细细的树干上布满毛茸茸的苔藓，地上积着厚厚的落叶，看得见与看不见的水就在下面蕴集。这就是"漓江源"——苔藓林中的高山湿地。

　　猫儿山的森林覆盖率高达90%以上，涵养了大大小小河流39条，是珠江水系的漓江与浔江源头，也是长江水系的资江源头。从清代起，猫儿山就是官府立碑保护的水源地，现在是国家级自然保护区。可如今漓江水越来越少，可以航行的江段越来越短，是为什么呢？因为人们用水用得太多了。

怎么办呢？猫儿山的高山湿地还可以蓄积更多的水吗？

猫儿山海拔 1600~2000 米的区域有很多南方铁杉，一株株挺拔壮美。铁杉是第三纪地质时代遗留的"活化石"，中国特有的珍稀古裸子植物，在中国南方分布广泛，木材抗腐能力强，坚实耐用。由于曾经大量砍伐，很多地方仅存残株，而在猫儿山保护区里，还有近 3000 株南方铁杉，高 20 米以上的大树有上千株，一株"千年铁杉王"树高 40 米。

不过，别看它们伟岸，生儿育女却十分困难。铁杉是喜欢阳光的树种，这片森林最初萌发的时候，它们傲然于高山之上，没有任何遮挡，尽情享用阳光，蓬蓬勃勃生长。而当长成大森林，枝枝杈杈遮蔽了阳光，减少了蒸发量，林下形成阴暗的湿地，积蓄起珍贵的水源，可铁杉自己的幼苗，却因为见不到阳光而不能发育，自主繁衍成为难题。

猫儿山保护区扦插繁殖铁杉，已经达到 75% 的成活率。但是树苗长成大树要几百年，所以在短时间内我们不可能再造

一个漓江源。"天管地，地管生"，天体运行决定了地球的形成、构造与气候，地球的地质、地貌与冷暖决定了生物的演化、分布与繁衍。人类最初利用森林就是砍树建房子、做家具。当水土流失和水源短缺之后，才发现森林能保持水土、涵养水源。如今铁杉自然成林的地质气候年代已经过去了，人类要帮自己，还得另想办法。

（文：钟嘉，图：蔡江帆、徐勇、孙家杰）

观察思考
为什么铁杉现在很难自然繁衍了？水源短缺该怎么办？

白头叶猴的忧虑

110

去广西崇左看白头叶猴是期待了好几年的事。桂西南是典型的喀斯特地貌，岩溶峰丛发育得十分壮观，崇左的石山不算高，山间的平原很开阔，放眼望去，峰丛之间都是甘蔗地。

11 月正是收获甘蔗的季节，老乡们在地里收割、打捆，公路上运甘蔗的卡车频繁往来，没想到的是，离开公路进入崇左白头叶猴保护区还没有 10 分钟，就看见白头叶猴了。它们蹲坐在直立石岩的缝隙平台上，挤着排成一排，长长的尾巴从石壁上垂下来。太阳升起来了，白头叶猴们开始活动，吃树叶，仅相隔儿米给它们拍照，它们都不躲开，"哗啦哗啦"在树丛间跳跃，自顾自地打闹嬉戏。

白头叶猴是中国著名动物学家谭邦杰先生于 20 世纪 50 年代根据市场收集的毛皮而追踪发现的，它是世界灵长类中唯一一种由中国学者在中国发现并命名的，仅在中国广西西南部很小的区域分布。白头叶猴一身黑色，头顶有一撮尖尖耸起的毛，头部的毛发是白色的，肩部也有白色毛，尾巴的下半截也是白色的。而新出生的幼猴，则是全身金黄色。它们生活在石灰岩山区，以石山缝隙和洞穴为家，主食植物，尤其是树叶。

　　因为人类的捕猎，白头叶猴的处境曾经非常危险，20 世纪 80 年代之后，保护区陆续建立，这种危险处境才逐渐缓解，目前我国白头叶猴的总数为 937 只，这个数字依然不很乐观。

　　白头叶猴看着胆大，却不敢穿越甘蔗地，它们虽然善于在树上跳跃攀援，却不敢在甘蔗地里走看不见前方的路。甘蔗收获之后，不同山头不同群体的白头叶猴们才能相互交往。激烈的猴王争霸也会发生，年轻有为的雄猴会想办法取代年老的猴王执掌某一猴群。一般猴群 3~5 年就会更换猴王，以保持旺盛的生命力。

　　白头叶猴不断揪下树叶塞进嘴里嚼着，从一棵树换到另一棵树。它们的食谱有 130 多种植物，经常吃的有 70~90 种。并不起眼的蟠桃树，叶子、花和果实都是白头叶猴的最爱，而秋天的林地边开着一片片金黄色的小花千里光，居然也是它们青睐的美味。

保护区旁边紧邻着北京大学崇左生物多样性研究基地——崇左生态公园，园中的喀斯特石山上，也有一群白头叶猴。生态公园里树木不少，植物种类丰富，但是由于公路相隔，这群叶猴很难有跟其他猴群交流和交配的机会，如果它们只局限在本群之内，基因就会因近亲繁殖而退化，危及种群的繁衍。它们的忧虑有人知道吗？叶猴们在宾馆屋顶上跑来跑去，将天棚踩得"砰砰"乱响，一会儿又突然冲过来，跳到甬路上，相对而坐，转而就抢臂互殴。这是日常的体操，还是郁闷的发泄？

（文：钟嘉，图：韦铭、保护区）

观察思考

为什么白头叶猴需要猴群间的交往？

"红公鸡,绿尾巴"

中国一共有 63 种
大大小小的"野鸡",
它们在东西南北的各地山林生活,
但只有原鸡是家鸡的祖先,
也叫红原鸡。

观察对象: **红原鸡**
地　　点: 广西弄岗国家级自然保护区
地理概况: 桂西南中越边境地区的石灰岩峰
　　　　　丛,喀斯特地貌,山间小块平地
　　　　　是农田。山中的北热带季雨林,
　　　　　生物物种非常丰富。保护区已建
　　　　　立 35 年
观察季节: 秋冬

上小学时就知道家鸡的祖先是原鸡，也叫红原鸡。家鸡黑的黑，白的白，黄的黄，歌谣里说的"红公鸡，绿尾巴"，却没有见过。

2008 年 2 月，元宵节那天，我来到位于广西龙州的弄岗国家级自然保护区，进老乡家吃午饭，桌子上摆着一盘"白斩鸡"。

一举筷子，老伯说："这是原鸡呢！"啊？野生的红原鸡吗？没等我发问，老伯笑着解释："保护区里的原鸡经常来跟家鸡一起吃食，顺便还交个家鸡的'女朋友'，于是院子里就有原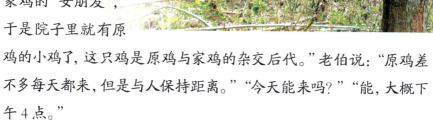鸡的小鸡了，这只鸡是原鸡与家鸡的杂交后代。"老伯说："原鸡差不多每天都来，但是与人保持距离。""今天能来吗？""能，大概下午4点。"

几个老汉你一言我一语：和家鸡比，原鸡羽毛漂亮，但雄鸡的鸡冠子比家鸡小；原鸡个子也小，公鸡只有 2 斤，家鸡一般重 4 斤。这里的老乡说起鸟的大小，看一眼就能估计出重量，而不用鸟类学上的"体长"——从嘴尖到尾尖的长度。这跟以往的狩猎习俗有关。如今虽然禁猎了，传统的计量习惯还改不了。

午饭没吃完，老婆婆进屋说："原鸡今天提前来了！"我撂下饭碗跑出门去。门前的家鸡自顾自地吃食，一只雄原鸡扭身往院外的木薯地里走。我身边就是家鸡，很明显，家鸡个子高，原鸡脚短，个子矮。真的是"红公鸡，绿尾巴"，脖颈的金红色羽毛鲜艳闪亮，同样闪着金属光泽的深绿色尾羽又长又高，在尾羽根部即腰的位置，有一簇雪白的羽毛翘出来。

终于认识了红原鸡！中国一共有63种大大小小的"野鸡"，它们在东西南北的各地山林生活，但只有原鸡是家鸡的祖先。雉类在地面觅食、坐巢，但是会上树过夜。野鸡一直是人类的猎物，有些种类数量非常稀少了，因此大部分野生雉类都被列为国家级保护物种。

我的出现和关注，让原鸡警惕起来，它似乎恋恋不舍，但还是走远了。到底是野生动物啊，对人高度不信任。其实野生

弄岗的家鸡个子高

动物不跟人类亲近才更好，不应该让它们像宠物那样。保护它们的自然基因，才能留下那精彩的"红公鸡，绿尾巴"。

　　五年后，我又来到弄岗保护区，专程回到原鸡出没的地方，老乡们已经搬走了，保护区把那些耕地还给了猴子、野猪、原鸡们。树木和野草都非常茂盛，原鸡即使就在林子里，我也看不到了。它们的食物应该很充足，也不用再找家鸡做女朋友，彻底回到了野生环境中。

（文／图：钟嘉，题图：文翠华）

观察思考：
　　为什么原鸡不和人类亲近呢？远离人类是好事吗？

喀斯特森林里的世界新鸟种

观察对象：**弄岗穗鹛**

地　　点：广西弄岗国家级自然保护区

地理概况：喀斯特石山，北热带季雨林，怪石嶙峋，密闭潮湿，物种丰富奇特

观察季节：秋冬

前几年我专程跑去广西的弄岗国家级自然保护区，想认识一种藏在喀斯特森林中的鹛类——弄岗穗鹛。

画眉是一种鸣唱婉转的鸟，有一条仿佛画上去的眉纹，因而得名。跟画眉近亲的鸟家族有很多种，鸟类学上用"鹛"来称呼它们：噪鹛、雀鹛、穗鹛、凤鹛、鹪鹛、奇鹛、钩嘴鹛等等。弄岗穗鹛有什么稀奇呢？它是 2008 年才发表的世界新鸟种，之前没有人认识它们。

我去弄岗的日子是 2 月。走进喀斯特森林，眼前石壁陡峭，巉岩嶙峋，藤蔓攀附，枝杈遮天，到处树抱石、石包树，林中光线极暗，脚下坑洼不平。上午 11 点多了，没什么动静，我劝护林员回去吃午饭，自己留在了黑乎乎的林子里。

我找了块还算平的石头坐下，吃了一点零食安慰肚子。正胡思乱想中，安静的林子里忽然稀里哗啦地响起来，昏暗的林下左一个右一个黑色的影子在乱窜，先是看清一个从石头后面露出的黑脑袋，诡异的蓝眼圈，脸上一道白月牙儿，额头滋着几缕硬毛，是弄岗穗鹛，没错！接着看到它们一只又一

只这样那样动着，有站高台瞭望的，有两只一起打斗嬉闹的，有各自梳理抖羽毛的，也有翻拣树叶找吃食的，分散在十几米宽窄崎岖不平的石坡上，上窜下跳，一共有十几只。前后大约 10 分钟，它们就跑得没影没踪了，这时正是阳光从头顶的树荫缝隙照进来的时候。

过了半个多小时，走开没几步，又遇到五六只弄岗穗鹛经过，这一处阳光更亮一点，能看出来它们喉部有些碎白斑，头部最黑，到尾羽渐变为棕色。它们在各种植物间和落叶上又一通稀里哗啦蹚过去，然后林中归于平静。

广西大学学者周放教授和蒋爱伍老师，是弄岗穗鹛的发现者。全世界的鸟种有 9000 多种，全中国的鸟种有 1400 多种，之前只有两种是中国人发现命名的，弄岗穗鹛是第 3 个由中国人发现并命名的鸟种。生物物种的新种发表是很复杂和严谨的事情，前后差不多 3 年，他们的论文才正式发表，弄岗穗鹛才为世人所知。

当地壮族老乡说起这鸟，就是"石头上的鸟"，它们不高飞，也不长距离迁徙，只在密闭的喀斯特森林里窜来窜去，外界无人知晓。最近这些年有更多关注投向喀斯特石山地区，才有弄岗穗鹛的发现，其他物种如植物、蛇类、蛙类等，也陆续有不少新发现。

过去只知道喀斯特地区有神奇的溶洞、壮观的天坑，这回认识了其中罕见的鸟类，一睹世界新鸟种芳容，感谢弄岗保护区啊！

（文：钟嘉，图：谢志伟、韦铭）

观察思考

为什么弄岗穗鹛直到 21 世纪才被科学发现呢？

漫步山间，香气袭人，
山路边悬崖上垂下一串串开满白花的枝条。
这是晚春的花朵——茶蘼，
花蕊鹅黄色，花瓣奶白色，馨香泉泉。
"开到茶蘼花事了"是《红楼梦》中的名句，
文人以"爱到茶蘼"来形容爱情的终结。

兰花也有"巨无霸"

观察对象：**多花兰**

地　　点：广西岑王老山国家级自然保护区

地理概况：广西西部的水源地保护区，300平
　　　　　方千米森林涵养水源，有130多
　　　　　条溪流下山，是珠江源头

观察季节：**春夏**

　　广西岑王老山是个水源林保护区，森林中也有非常丰富的动植物资源。5月初，一支民间摄影小组来帮忙拍摄金毛狗、伯乐树、马尾树等保护树种，还有两栖爬行类如蛇类、大鲵等等，为保护区留下珍贵的影像资料。而立夏时节，总有山花夺人心魄。

　　漫步山间，香气袭人，山路边悬崖上垂下一串串开满白花的枝条。这是晚春的花朵——荼蘼，花蕊鹅黄色，花瓣奶白色，馨香袅袅。"开到荼蘼花事了"是《红楼梦》中的名句，文人以"爱到荼蘼"来形容爱情的终结。

　　其实岑王老山的花事远未了。蒲公英的艳黄，夏枯草的紫蓝，野牡丹的瑰红，纷纷扰扰；木兰大树上乳白色花朵在油绿的枝叶间含苞待放，远山层峦中团团片片的杜鹃花灿若红霞。

123

爬老山顶峰，"兰花！"路边一段倒木上开一枝小花，小得只有指甲盖大小，小喇叭似的花朵，淡淡的粉红色，配一枝绿绿的小叶片，长在布满青苔的朽木上。这是一种独蒜兰，是保护区的新记录呢，以往没人发现过。

有小小的，也有大大的。一丛硕大的兰花长在一处荒山陡坡上，乱草杂藤半遮半掩，周围的树木和草叶上，到处是长满刺的毛毛虫。

这一丛兰花占地超过一平方米，名字叫多花兰。名副其实，整棵植株一共有 28 串花朵，每一串都有几十朵小花。虽然脚下很难站稳，我还是扭着腰仔细数了其中的两串，多的一串59 朵，另一串少的也有 37 朵。后来查资料得知，多花兰一般开花 20~40 朵，岑王老山这一株显然是巨无霸了！别看巨无霸十分壮硕，每一朵花还是长得挺细致的，花瓣褐红色，"花舌头"上还有小点点。

兰科植物是被子植物中仅次于菊科、豆科的第三大科，全世界约有 800 属，2.5 万种之多，中国已发现的有 173 属 1240 种。

中国人特别喜爱的几种兰花如春兰、蕙兰、建兰、墨兰等，植株不大，叶形细长，花小而色彩素雅，散发幽幽香气，在中国文人笔下，被赋予高雅、含蓄、自信、自立的气质。

可是前些年兰花市场曾大肆炒作，价格飙升，这给野生兰花带来惨遭乱挖的厄运。为了避免这丛多花兰被盗挖，保护区一直秘而不宣。拍摄兰花时，一看见附近有人经过，摄影师就蹲下隐蔽在灌丛里。忙了快一个小时，只能感叹："山陡，角度受限，拍不出最佳效果，要是后退一步，人就掉下山了。"

（文／图：钟嘉）

观察思考

发现野生兰花为什么要秘而不宣呢？

想起小时候曾和小伙伴玩得太开心，
不知不觉就回了别人家。
海豚的孩子和我们小时候多么相似啊！

充满好奇心的中华白海豚

观察对象：**中华白海豚**
地　　点：广东珠江口中华白海豚国家级
　　　　　自然保护区
地理概况：珠江入海口，咸淡水交界水域，
　　　　　分布着上百个海岛
观察季节：夏季

小时候看过一部动画片《小飞龙》，主角骑着一只白色的海豚与破坏海洋的邪恶势力进行斗争。当听说真的存在白色的海豚，就很想亲眼见见它们。2011年8月的一天，我有幸作为志愿者，参加珠江口白海豚保护区的海豚调查工作，见到了中华白海豚。

　　中华白海豚，顾名思义，就是生活在中国海域的白色海豚。小海豚刚生出来是深灰色，随着年龄增长，全身会渐渐出现白色斑点，最终完全变为白色。成年白海豚体长近3米，体重200多千克。当它们快速运动时，皮肤会由于血管扩张呈现出粉红色。

　　调查船开出没多久，就在靠近澳门机场的海面上遇到一小群白海豚，大概有五只。对我们的到来，海豚们并不害怕，也不紧张，而是好奇地围着调查船转悠。它们有纺锤形的躯体、光滑的皮肤、短而尖的背鳍、流线型的背脊和结实优美的肌肉。一只成年白海豚将整个上半身竖着探出水面停留几秒，用它的小圆眼睛打量我们，仿佛是安了两颗小黑豆的一节粗火腿肠，可爱又滑稽。

　　幼年的小海豚爱玩吹泡泡，还是个冒失鬼，它大大咧咧地朝调查船径直游过来。一只透着粉色的成年白海豚，可能是小海豚的妈妈，赶紧过来拦住，还"揍"了小海豚几下，不让它离船只太近。

　　调查船离海豚越来越近，保护区工作人员关闭了发动机，以免螺旋桨误伤海豚，并为白海豚拍摄背鳍照片，因为每只海豚的背鳍形状都不同，通过拍摄背鳍进行对比，可以知道海豚的群体构成和活动规律，依此来实行有效的保护。

　　全世界有近80种海豚，中华白海豚生活在中国南部沿海，从长江口到珠江口都有它的身影。它们对人类和船只充满了好奇心，经常跟随船只游动。但过往船只在高速航行时很难发现并规避白海豚，螺旋桨伤害造成的死亡占到了中华白海豚总死亡率的 15% 以上。重金属污染、误入渔网也在威胁中华白海豚的生存。因此中华白海豚虽然分布很广，但总共只有几千头，是和大熊猫同样珍稀的动物。保护区对经常来往的船只都要进行宣传，告诉人们对白海豚要加以格外的关注与保护。

另一群白海豚游过来了，有五只成年白海豚和一只幼年海豚。两个群里的小海豚一相遇，便互相嬉戏，时而并肩前进，时而一前一后追逐，还不时跃出水面。新来的海豚群向远处游去，这一群的小海豚似乎没和小伙伴玩够，傻乎乎地跟着新来的海豚群一起往远处游，又是它的妈妈及时发现，追上去把它拦了回来。

想起小时候曾和小伙伴玩得太开心，不知不觉就回了别人家。海豚的孩子和我们小时候多么相似啊！

（文：禹林，图：林文治、禹林）

观察思考

中华白海豚面临的威胁有哪些？

海南角螳

雨林里的孩子姓"海南"

观察对象：**海南角螳、海南马兜铃、海南拟髭蟾、海南湍蛙**

地　　点：海南白沙鹦哥岭自然保护区

地理概况：鹦哥岭具有海南岛最典型的热带雨林气候特征。保护区内河溪众多，是海南岛南渡江和昌化江的发源地，也是海南岛生物多样性保护的中心枢纽

观察季节：冬季

鹦哥岭自然保护区位于海南省中部，12月隆冬，温带和寒带万物凋零，鹦哥岭热带雨林依然充满生机。

山溪里气候湿润，大树干上长满了绿色的苔藓，一只浑身斑斓的螳螂——海南角螳，正静卧在苔藓上，等待过往的飞虫降落，它那完美的保护色与苔藓融为一体，不睁大眼睛仔细搜寻，很难发现它。它的模样很特别，复眼上方有两个呈三棱形的角尖，像一对马耳朵。常见的螳螂都喜欢挥舞着大刀一样的前臂，四面出击捕获猎物，而海南角螳几乎是静止地趴在苔藓上，活动缓慢，活动范围很小，不会离开长满苔藓的大树。

雨林深处，阳光被高大的树冠阻挡，林子里永远是阴暗的。一种非常奇特的、长得像萨克斯管的花朵，在粗粗的老茎上开花了。看不到这个植物的叶子，原来开花的部位是老藤，它的植株已经爬得很高去吸收阳光了，这就是海南马兜铃。这种老茎生花的现象，是雨林所特有的。因为在热带雨林中，很多大树有三四十米高，可它们的花朵需要昆虫来授粉，昆虫活动的地方一般不太高，所以这些植物把花朵开在低处的老枝老茎上，以便被昆虫发现和光顾。

当夜晚来临，螽斯在林子里大声鸣唱，溪边的树林里，海南拟髭蟾躲藏在落叶和草丛里。它是个圆头圆脑的家伙，不会跳只会爬，动作迟缓。如果是在春天的繁殖期，海南拟髭蟾的雄性会发出非常大的鸣叫声，顺着声音就可以发现它了。在溪边激流的石头上，海南湍蛙用它脚趾末端那有力的吸盘，牢牢地吸附在石壁上，它的身体是扁宽的，可以减少水流的冲力。

这些生活在鹦哥岭热带雨林里的特有物种都有一个共同点，名字冠以"海南"，它们是海南雨林的孩子。

大约100万年以前，海南岛是和大陆相连的，由于火山运动，雷州半岛与海南岛之间发生了断陷，形成了琼州海峡，海南岛与大陆分离，成为了岛屿。长期的地理隔离，生成了很多只在海南岛上才有的动植物特有种。

由于栖息地生态环境被破坏，很多海南岛的特有物

海南马兜铃

海南湍蛙

种数量急剧减少。因为岛屿物种分布狭窄，所以比大陆物种的濒危风险更高，好在还有鹦哥岭自然保护区这个避难所。其实雨林深处可能还有未知的新种等待人们去发现，走进雨林寻访海南特有动植物，是非常令人向往的事情，没准还可以发现一个海南岛的新物种呢！

（文／图：袁屏）

观察思考：

海南马兜铃为什么要在老茎上开花？

133

与变色树蜥亲密接触

变色树蜥

观察对象：**变色树蜥**

地　　点：海南白沙鹦哥岭自然保护区

地理概况：具有华南地区面积最大且连片的以热带雨林为主体的天然林分布区。高海拔，垂直带谱完整，生态类型丰富，原始性强

观察季节：冬季

冬天，我们跟随海南鹦哥岭自然保护区的护林员一起去野外做鸟类调查。他们都是当地的黎族人，对山林里的一切非常了解，经过保护区的系统培训，又树立了自然保护的理念，一路跟着他们学习了不少雨林里的知识。

刚从阴凉的雨林沟谷爬到干热的山坡上，在松树林里，我看到了一只蹲在路边倒伏在大树上的变色树蜥，它正昂头挺胸，动也不动地晒太阳。变色树蜥和蛇一样属于冷血动物，白天通常都找个树干晒太阳来调节体温。护林员告诉我，它不是危险动物，可以靠近。我试着慢慢地接近，它纹丝不动，浑身布满的鳞片像武士盔甲，背上有一列鸡冠状的脊突，老百姓也叫它"鸡冠蛇"。其实它和蛇只能算很远很远的远房亲戚吧。

多线南蜥

顾名思义，变色树蜥是树栖动物，但它什么时候能变色呢？原来只有成年雄性的变色树蜥，在繁殖期或者兴奋、生气的时候，头部和上半身会变成红色。看来现在它没有兴奋，也没有生气，因为没人惹它。

135

岩羊在等狼回来

WHY
blue sheep
need wolves

多疣壁虎

不打扰人家晒太阳了，我们继续前行。没走多远，从路边的灌丛里又跳出一只变色树蜥，直接就扑到我的腿上，低头一看，就像小朋友抱着妈妈的腿一样啊，它是不是把我的腿当成大树了呢？我怕惊着它，也不敢去抓它。因为蜥蜴有自截现象，它如果感到危险，常常把尾巴脱落掉，断尾不停地跳动以转移敌人的注意，自己则逃之夭夭，过一段时间，它断掉的尾巴又可以长回来。但我不想让它因为我而自截。难得有这样的机会，能和野生动物亲密接触，我也一动不动，举着小相机从上往下给它拍照。这只变色树蜥比刚刚看到的那只颜色深，这么近距离地观察，看到它的眼睛周边有一圈太阳光芒一样的放射线，很威风，像印第安人画在脸上的图案！我往前走几步，它立即就跳下来，快速地在路上奔跑起来，奔跑的样子像动画片里的恐龙。

鹦哥岭自然保护区里还生活着一种非常珍稀的蜥蜴——圆鼻巨蜥，它非常大，最长的有两米多，野外遇见的机会极少。而在山下，变色树蜥的另外一个亲戚——多

136

线南蜥在村口的草丛里晒太阳，它看起来很光滑，但不会变色，而且胆子也很小，一有动静就溜走了。

蜥蜴是常见物种，有个俗名叫"四脚蛇"。很多人害怕蜥蜴，其实没必要害怕它们。我的家里就有无蹼壁虎，和变色树蜥一样，它们都属于蜥蜴目。古代人叫无蹼壁虎为"守宫"，因为它喜欢居住在人的家里，吃各种昆虫。如果家里住着只壁虎，可能蚊子会少很多呢。

（文／图：袁屏）

观察思考
变色树蜥在什么情况下会变色？

蛇！怕不怕？

翠青蛇

　　龙是中国文化中象征神武、祥瑞的动物，而龙的造型有很多蛇的特征。在现实世界里，人们大多闻蛇色变，见到蛇往往很怕。但是，如果对蛇有些了解，也许就不那么害怕了。我在海南尖峰岭保护区就有过与蛇相遇的兴奋，后来甚至越来越期待在野外遇到不同的蛇。

　　夜晚，沿溪流行走，这种环境是蛇喜欢的地方。果然发现一条不认识的蛇：脑袋很圆，浑身金黄色，眼睛很大。看面相不凶，个头不大，大概是一条没长大的小蛇。它在大石头上慢慢滑行，偶尔吐吐信子。蛇的舌头称为"信子"，蛇吐信子，也许是吓唬敌人，但主要是捕捉信息。因为蛇视力很差，信子

观察对象：**缅甸钝头蛇、翠青蛇等**
地　　点：**海南尖峰岭国家级自然保护区**
地理概况：**中国现存纬度最低、垂直系统完整并保存完好的热带原始林生态系统，有山峰、沟谷、丘陵、盆地等多种地貌，溪流潺潺，植被丰富**
观察季节：**冬季**

就是探测器，可以感觉周围的热量和气味，可以发现是否有猎物出现。

后来得知这条小蛇是分布于热带地区的缅甸钝头蛇，无毒。蛇在温带和寒带地区要冬眠，而热带地区的蛇不需要冬眠，所以12月在海南也能遇见蛇。

大眼斜鳞蛇

缅甸钝头蛇

中国大概有 216 种蛇，其中有毒的蛇 65 种。由于蛇有药用和食用价值，所以长期以来一直被大量捕杀，导致蛇越来越少。现在很多珍稀的蛇只在保护区才有机会发现。

其实蛇是生态平衡的重要一环，我们不应该伤害它们。但当你不了解蛇的时候，不要轻易接近它。蛇喜欢到路面上来晒太阳，我就在路上遇见过晒太阳的横纹斜鳞蛇。在路上遇到蛇，不要惊慌，只要不踩到它就行，稍微绕开，它晒它的太阳，你走你的路。

在尖峰岭遇见翠青蛇是白天，它正懒洋洋地躺在树上晒太阳。碧绿的翠青蛇常常被人误以为是有毒的竹叶青，其实它是无毒蛇。但是被没有毒的蛇咬到，人也会疼，也会流血。翠青蛇和竹叶青其实很好区分，竹叶青的头是三角形的，红色的眼睛很小，一看就很邪恶的样子，而翠青蛇有一双黑色大眼睛，显得很温柔。

横纹斜鳞蛇

　　其实蛇很少主动攻击人类，一有风吹草动它就会溜之大吉。在蛇多的地方，尽量走大路，不走杂草丛生的地方，不去侵犯蛇的领域。不得不走草丛时，带根棍子，边走边在周围拨弄几下，"打草惊蛇"就能避免和蛇相遇了。

　　在贵州梵净山自然保护区，我见过一条很漂亮的蛇——大眼斜鳞蛇。它感到了威胁，就立起颈部，使身体呈扁平状，模仿剧毒的眼镜蛇，让我暗自好笑。其实这是假招式，它没有毒，模仿毒蛇，是它的防卫武器。一旦了解了蛇，就会发现，蛇并不可怕，避免被蛇咬的办法也有很多。

（文／图：袁屏）

观察思考
蛇为什么要吐信子？

141

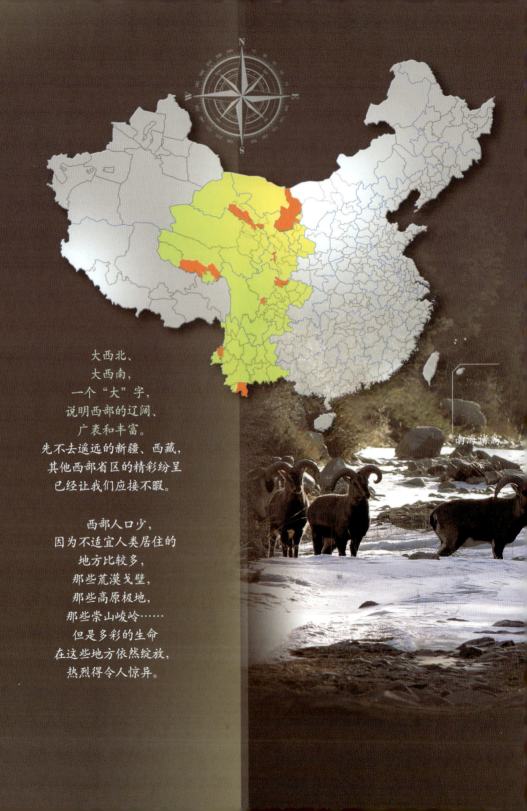

大西北、
大西南，
一个“大”字，
说明西部的辽阔、
广袤和丰富。
先不去遥远的新疆、西藏，
其他西部省区的精彩纷呈
已经让我们应接不暇。

西部人口少，
因为不适宜人类居住的
地方比较多，
那些荒漠戈壁，
那些高原极地，
那些崇山峻岭……
但是多彩的生命
在这些地方依然绽放，
热烈得令人惊异。

南海诸岛

西部生态因高寒、
干旱、多风或地质等原因而十分脆弱，
人类的进入和行为往往
对大自然造成无法逆转的伤害和毁灭，
在西部显得尤为强烈。

不论是岩羊与狼，
黑颈鹤、雪豹、亚洲象，
还有祁连圆柏……

它们原本的生活因人类的干扰而无奈地改变。
是时候还给它们宁静与和谐了，
否则，这些珍贵物种将不再和我们一起。

西
WEST

W h y blue sheep *n e e d   w o l v e s*

岩羊
在等狼回来

观察对象：**岩羊**

地　　点：宁夏贺兰山国家级自然保护区
内蒙古贺兰山国家级自然保护区

地理概况：贺兰山是宁夏与内蒙古两个自治区
的界山，南北长，东西窄。东坡宁夏
一侧，山势陡峭，西坡内蒙古一侧
有较宽阔的冲积扇和草场

观察季节：四季

　　从银川进贺兰山，刚过苏峪口不久，就看见了成群的岩羊。植被稀疏的乱石沟谷里，领头的弯角大公羊注视着来人，然后慢慢带领它的家族走到山坡远处。抬头见到悬崖峭壁顶上有一只岩羊，正居高临下俯视我们，它有两只不长的角，是只母羊。

　　岩羊又叫蓝羊，灰褐色的毛带点蓝色调。它们分布在广阔的中国西部山地，曾经由于人类的猎杀而数量减少，被列为国家二级保护动物。贺兰山建立了保护区，早就禁猎了，因此岩羊显得不太惧人。

　　走在旅游点的步道上，不远处6只岩羊从右边的林子往左边依次踱过去，腹部白色，四条腿的外侧有黑色条纹，它们很

从容。几次来贺兰山，都没有见识到传说中岩羊健步如飞、善于攀岩的本领。

又遇到一只小岩羊，它走两步就摔倒，扶起来也哆嗦。保护区工作人员看看它的牙齿，说它两岁了，但个头小于年龄很多，已经被家族遗弃了。

下一只近距离看到的岩羊是一只有弯弯大角的公羊，可惜已经死了。它的角挂在一株大榆树的树杈上，整个身体悬空吊着。原来它是从山坡上探头吃那榆树叶，一步踩空，它没有摔下崖，却也没有谁能救它。护林员说，贺兰山里草不够吃，羊要吃树叶，在坡度陡的地方摔下山崖的挺多。

为什么草不够吃呢？不是已经不让放羊了吗？过去贺兰山里放牧着很多很多羊，不仅吃草，也吃树叶、啃树苗，很多小树被啃得长不起来。1998年起，为了保护山里的森林，贺兰山全面禁牧，所有羊只撤出了保护区，只剩岩羊、马鹿、马麝这些野生动物独享贺兰山里的草场。可是禁牧时间还不够长，草还是不够吃。

　　过去贺兰山里有狼，为了保护羊群和牧人的安全，20世纪70年代，曾经组织过大规模猎杀，侥幸躲过的狼逃出了贺兰山，山里的草食动物无忧无虑了。但岩羊没有了天敌，不见得是件好事情。有狼的日子，岩羊要拼命跑，腿力强健，跑得过狼的都是好样的，这也控制了岩羊的数量，不会缺草吃。而没有狼，岩羊越生越多，草不够吃了，身体也越来越娇气。这是不是老有岩羊摔下山崖的原因呢？

　　调查的数字显示，贺兰山里的岩羊已经超过2.3万只了，对于南北长250多千米、东西宽只有20~40千米的贺兰山来说，岩羊的生存空间显然比较紧张。

　　前几天在山上露营的驴友说，夜里听见远远的狼嚎，把他们吓坏了。保护区的工作人员却盼着："狼回来了就好了！"

（文：钟嘉，图：王志芳、杨帆、王兆锭）

观察思考

为什么岩羊需要狼回到贺兰山呢？

那些可敬的树

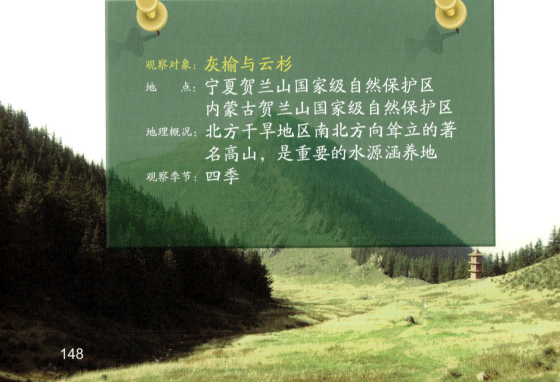

观察对象：**灰榆与云杉**
地　　点：宁夏贺兰山国家级自然保护区
　　　　　内蒙古贺兰山国家级自然保护区
地理概况：北方干旱地区南北方向耸立的著
　　　　　名高山，是重要的水源涵养地
观察季节：四季

148

　　灰榆是贺兰山最多见的乔木树种之一，一进山就会注意到它。

　　向阳的山坡因日晒而蒸发强烈，土石疏松，缺少植被，更少见乔木。可是有许多灰榆在生长，它们小小的，像一株株盆景；叶片也小小的，不如指甲盖大。但它们也许已经上百岁了。

　　悬崖峭壁上，总有灰榆从石缝中斜挺出躯干，扭开枝杈伸向空中，给险峻的山峰增添生机与魅力。要知道，贺兰山的年蒸发量是降雨量的十几倍，我们如何想象，又怎么形容灰榆的生命力呢？

　　在沟谷地和背阴处，灰榆能长得高高大大，树冠如伞，密密的枝条，密密的叶子，茂盛而柔美。有的老树，粗大的树干已经中空，可仍是枝叶繁茂，摇曳着山风。而山坡上高不及膝的小灰榆，缩着身体，只有一枝两枝长长伸出，叶片比其他枝大许多，这可能是一场阵雨带来的生机。

《贺兰山维管植物》一书说：灰榆又名旱榆，是贺兰山里"中低海拔地带几乎唯一的乔木树种"，处于"一种极度干旱的环境，其他乔木树种无法生存"。而贺兰山依靠灰榆，抓着岩石土壤不垮塌、不流失，成就起自己的耸立。

灰榆也是许多贺兰山动物所依赖的食源。叶子是岩羊、马鹿、马麝等草食动物的口粮，榆钱儿也是能吃的好东西。几次看见雌性朱雀衔起落地的干黄榆钱却不吃掉，是想用榆钱筑巢铺窝，还是要喂给小朱雀？

往山上走，到中高海拔地带，另一种乔木的震撼就来了。那就是云杉。整个山体的阴坡，都密布着云杉林，山脊处界线分明，阴面是森林，阳坡是草地，一边是一棵棵大树不能合抱，一边是草地连一棵小树都没有。

有一处景观被称为"贺兰山云天"，晴空万里，山脊上却云雾如烟。沿着山脊在云杉林的边缘行走，可以看到幼小的云杉在林下萌发，像小小的绿塔。它们一旦度过最初几年的扎根，就会飞快生长，挺立钻天。

仔细留意云杉枝头，阳光下竟挂着一滴滴水珠。随着云雾飘过，云杉把水汽拦截凝结，逐渐形成大水珠后滴落地面，渗入地下。在没有降雨降雪的日子，云杉竟是这样积少成多地蓄集空气中的水分，涵养着水源。在海拔 2400 米以上，能听到林中山溪的流淌声，这些河流会很快没入地下，成为山外井水的来源。

地处北方干旱地区的这座山，东边是银川平原，西边是阿拉善高原，两边的工农业与城市用水，一多半要依赖贺兰山。而只有登山见到这壮观的云杉林，才明白森林对水源的意义，保护区的护林防火，保护的是森林，更是水源。

（文：钟嘉，图：王兆锭、钟嘉、张明）

观察思考
为什么只有阴坡才生长云杉呢?

与银鼠兔的
一面之缘

观察对象：**宁夏鼠兔（银鼠兔、贺兰山鼠兔）**
地　　点：内蒙古贺兰山国家级自然保护区
地理概况：贺兰山的最高峰海拔 3556 米，还有
　　　　　多座 3000 米以上的山峰。在海拔
　　　　　高处，基本只有低矮植被与裸岩
观察季节：四季

2009 年 12 月，我获赠一本《中国兽类野外手册》，立刻翻到宁夏鼠兔那一页，最先查找这个英文名叫 Silver Pika（银鼠兔）的小家伙。因为两年前，我在内蒙古贺兰山国家级自然保护区的巴音笋布尔峰下见过它！

　　那是 9 月初的一天，我从贺兰山南寺旅游区雪岭子出发，去登海拔 3200 多米的贺兰山第二高峰巴音笋布尔峰。就在登峰之后刚刚往下走，突然感觉有什么东西在石头间一动。停住脚步寻找，这小东西从石头间露出头来，跑动了儿步，换一块石头又停下来张望。我认出这是一只鼠兔，它给我的第一印象是很红，第二印象是个儿大，第三印象是眼睛大，黑黑圆圆的，挺精神，第四印象是耳朵内廓发黑但外沿有白边。它叫什么？怎么在这么高的山上待着呢？

　　两年后才从《中国兽类野外手册》上找到答案：这种鼠兔是 1928 年才命名的，英文名"银鼠兔"，因为冬季背部银白色，夏季才换成锈红色。它们是"林区岩石堆居住者"，仅知生活在贺兰山，分布在狭小的一片"脊顶地区"。

那天我看了这只鼠兔好一会儿，它并不紧张，似乎很好奇谁来到它的家门口。我掏出小数码相机给它拍照，由于不敢走近，只留了个小小的影像。

鼠兔这种小动物分在兔形目下，体长大多十几到二十多厘米，圆滚滚的，尾巴短短的看不见。它们白天活动，主要吃素。中国是鼠兔最多的国家，有24种，一部分种类生活在山区，住岩石缝隙，比如新疆的高山鼠兔；一部分生活在草原，挖复杂的洞穴，如青藏高原上的黑唇鼠兔。

银鼠兔最早被发现是在贺兰山东坡宁夏那边的矿洞里，在内蒙古一侧则没有正式记录。我的发现算不算突破呢？很快有了消息，内蒙古这边贺兰山保护区的工程师拍到过银色皮毛的鼠兔照片，也是在巴音笋布尔峰附近，后来又拍摄到锈红色的鼠兔，只是没有正式发表而已。看来"宁夏鼠兔"这个中文名字，显然不合适了，叫贺兰山鼠兔更准确。

宁夏与内蒙古两边都建立了贺兰山保护区，保护山上的森林，山里的岩羊、马鹿、蓝马鸡等珍稀动物也获得了庇护。不过很少有人知道，在贺兰山里，还有小小的"银鼠兔"在山脊的碎石堆中讨生活。我偶尔来登一次山，就和银鼠兔有了一面之缘，实在难得。希望有机会冬天再去，看看这个银色的小家伙！

（文：钟嘉，图：王兆锭、李歆、钟嘉）

观察思考：
　　知道什么叫狭域分布吗？除了贺兰山，银鼠兔还有别的家吗？

155

花鼠在吃啥？

观察对象：花鼠

地　　点：甘肃莲花山国家级自然保护区

地理概况：中国西部黄土高原向青藏高原过渡地带亚高山针叶林，保存了干旱地区典型的森林生态系统。林木葱郁，生物多样性丰富

观察季节：夏季

松鼠有在秋天存储食物的习惯，它们的口腔内有个特殊的囊状结构，叫作颊囊，可以把松果、栗子、核桃等，搬运到自己藏食物的地方，留到冬天再吃。2012年冬天，我在辽宁丹东的公园里碰到过一只北松鼠，它在雪地里刨啊刨，雪大概有20厘米厚，因此它刨了很久，终于刨出了一个红彤彤的板栗。不知道这个板栗是不是它秋天藏起来的。

听说松鼠记性不好，常常忘记自己埋的东西，或者是不是秋天藏得太多，冬天吃不了？然后呢，这些坚果种子就发芽了，松鼠在不经意间就帮助植物播种了。

但松鼠不是只吃坚果的，我在甘肃莲花山见过花鼠吃草籽，在云南见过赤腹松鼠吃花朵哦。

从兰州出发向南，一路黄土地，突然就看到一座绿色的大山。莲花山因山形似莲花而得名，是当地的宗教圣山，也是西北地区唱民歌的"花儿会"赛场，成为旅游胜地。莲花山早就建立了自然保护区，所以这里的野生动物比别的地方多。

在海拔2800米的莲花山庄广场旁，靠近树林的斜坡上，我看见了一只花鼠。花鼠是松鼠的一种，背部有5条明暗相间的纵纹，它有个外号叫"五道眉"。

这只花鼠比平常见到的松鼠胆子大，显然是自然保护区严禁打猎，使得这里的野生动物很有安全感，不怕人。

我们经常见到的松鼠总是在树林间以极快的速度跳跃，这只花鼠今天下地来玩了。它在土坡上嗅来嗅去，慢慢地靠近了山坡上的草丛。它又在草丛里嗅了嗅，然后抱起了一棵草，津津有味地吃了起来。松鼠不是吃松果吗？怎么吃草了？我用望远镜观察那些草，发现花鼠吃的不是草，而是草秆上的草籽。那草籽也就米粒大，得吃多少才能吃饱啊！花鼠抱着草秆吃草籽的时候，像我们人一样站着，样子可爱极了。接下来的半个小时，它就在这片草丛里，非常仔细地一根一根用前爪捧着那些草秆，将那些草籽吃，感觉像嗑瓜子。

而在云南，冬樱花开放的时候，我看见一棵大的樱花树上爬上去五六只赤腹松鼠，它们在树枝间飞窜，抱着开满花朵的树枝，开怀大吃。

　　原来，松鼠最喜欢吃的是各种坚果，但是随着季节不一样，地区不一样，松鼠选择的食物也不一样。夏天吃蘑菇，秋天吃各种果子，到了冬天，北方的松鼠吃储存的粮食，而南方的松鼠换个食谱吃花朵。见过莲花山的花鼠吃草籽，我就常常想，松鼠还可能吃什么呢？

（文／图：袁屏）

观察思考
松鼠用什么搬运过冬的粮食呢？

观察对象：**祁连圆柏**

地　　点：青海省祁连山自然保护区
　　　　　甘肃祁连山国家级自然保护区

地理概况：祁连山脉位于青海与甘肃两省的交界，
　　　　　东西长达 1000 千米，北边是河西走廊，
　　　　　南边是青海湖和柴达木盆地，从祁连山
　　　　　发源的河流，是山下牧场、农田和城市、
　　　　　厂矿的生命之水

观察季节：四季

都兰县残存的古柏

古墓巨柏
的启示

十几年里去过3次祁连山，见过祁连圆柏，却没有专门去欣赏它们。和山上齐刷刷的、高高大大的青海云杉相比，柏树不太起眼，不够挺拔，有的地方稀稀拉拉，还有些长得歪歪扭扭。

　　突然对祁连圆柏产生兴趣，是因为一则考古消息。说的是祁连山南麓柴达木盆地东段的青海省都兰县发现了距今大约1000年的几百座古墓，古墓中一层一层搭建的墓室全用的是柏木，最粗的直径50厘米。每座古墓用的柏木，少则几十根，多则几百根，而最大的一座墓，号称"九层妖楼"，用了几千根柏木！

　　这些木头居然没有腐烂，给了考古工作者测定年代的依据，而测算出来的一个结果是，古墓的年代越往后，墓中的柏木越细。这说明，先建的墓把粗的树砍没了，后面的只能砍细的树

了。更令人感叹的是，古墓所在的山沟，今天已是一片荒凉，很少有绿色植被，更别说大树。

回想去祁连山时认识的祁连圆柏，它们大多生长在干旱的阳坡，属于耐贫瘠、不挑剔的树种，和生长在相对湿润的阴坡的云杉一起，保持着祁连山的水土不致流失，为涵养水源发挥作用。

祁连圆柏是慢生树种，每年长不多，一株碗口粗的柏木，需要200年才能长成。但是柏树寿命长，那些都兰古墓中的巨大柏木，每一棵都生长了上千年。过去祁连圆柏被奉为"神树"，因为它们会腾起"烟雾"。其实那是柏树开花，风一吹花粉就飘起来，借助风力传播授粉。只可惜，青藏高原上分布的祁连圆柏天然群落都到中老年了，自然更新已经很困难。

现在青海省建起多个祁连圆柏种子园，人工繁衍。但高寒干旱的地方，植树成活率往往第一年才30%，需要持续不断补

种才可能逐渐成林。有一次我从祁连山区的青海南山下来，一道又一道的沟横亘在山脚，走几步就要跳沟。在海拔 3000 多米跳来跳去，脑袋都震得疼起来。停下往沟里一看，里面种着尺把高、指头粗的小树苗。原来，没有森林的山上没有水，种树要挖鱼鳞坑或挖沟，让雨水能存的时间长一点，里面的树苗才有可能活下来。

　　古人用无数大树建了墓穴，好可惜啊。今天重新种树，付出极高的成本，也难以恢复曾经的森林了。如今青海和甘肃两省分别在祁连山南北坡建立了保护区，既保护高大的云杉，也保护不那么高大的祁连圆柏。

（文：钟嘉，图：董文晓、汪荣）

观察思考

　　为什么西北干旱地区的森林阴坡和阳坡的树种不一样？

高原湿地的
鹤鸣之春

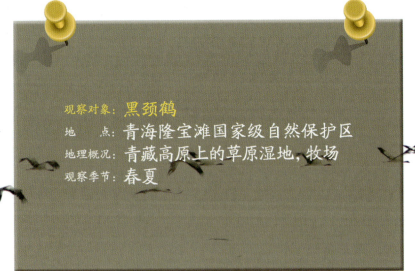

观察对象：**黑颈鹤**

地　　点：青海隆宝滩国家级自然保护区

地理概况：青藏高原上的草原湿地，牧场

观察季节：春夏

　　“冲虫”，乍听起来以为是一种飞行速度非常快的昆虫的名字，其实这是藏语，意指黑颈鹤。这种鹤类全球仅有1万多只，三分之二分布在中国，被列为国家一级保护动物。黑颈鹤主要生活在青藏高原，夏天繁殖季节它们到高原北部如青海玉树草原和青海湖边繁殖，冬季南迁到西藏拉萨的拉鲁湿地等地越冬，也有一部分飞到云贵高原的湿地越冬。

　　2011年4月，我有幸作为一名志愿者，前往黑颈鹤重要的栖息地——青海省玉树州隆宝滩国家级自然保护区开展春季鸟类调查。从结古镇出发，一路数着牦牛前行，两个半小时到了保护区核心区，牦牛数到了1211只。这儿是保护区吗？怎么像个大牧场？

　　天空飘起了雪花，打在脸上冷冷的痛，这时耳边响起了鹤鸣，我急忙用望远镜搜寻，在一只只硕大的牦牛中间，两只黑颈鹤引颈鸣啼。它们刚从越冬地飞来，是鸣诉路途的艰辛，还是恳请牦牛给予一席之地呢？一天的调查结束，黑颈鹤的数量是150只，比前一年最多时的180多只少了30多只。之后几天，陆续又有黑颈鹤飞走，也许它们自知挤不过牦牛，只能离去。

过去的隆宝滩不是这样的。繁殖季节，这里不仅有很多黑颈鹤，还有 2 万多只斑头雁，整晚雁鸣阵阵。但牧民的贫困，曾使捡鸟蛋成风，偌大的隆宝滩一度仅剩下 40 多只斑头雁，被牧民奉为神鸟的黑颈鹤也仅存 20 多只。

每日晨昏，69 岁的加洛老人，总会手里拨动着佛珠，静静地站在这片湿地边，欣赏飞羽起舞，鹤鸣九天。他从少年时起，目睹了鸟类由盛而衰的过程，也等来了隆宝滩建起以黑颈鹤为主要保护对象的国家级自然保护区。保护区工作人员每年 4—5 月，都会在湿地中间搭起帐篷，彻夜守护在此繁殖的黑颈鹤、

斑头雁和赤麻鸭等水鸟，防止捡鸟蛋。隆宝滩鸟类多样性逐步恢复，黑颈鹤从 1985 年的 22 只增加到 2011 年的 144 只，赤麻鸭的数量从 40 多只增加到 1 万多只，斑头雁也恢复到 2000 多只。

然而，保护区内现在有 3800 只牦牛，对于 42 平方千米的保护区核心区来说，太过拥挤了。牧民们虽然一直呵护着黑颈鹤，使其不受伤害，但为了生计，却又不断增加牦牛。过度放牧加上气候变化，牧场的草少了，湿地的水少了，黑颈鹤等鸟类也少了，加洛老人不敢想象没有"冲虫"的春天。

我们在玉树开展鸟类监测和社区调查，就是想找个合适的办法，既让藏族牧民增加收入，又保护黑颈鹤这一精灵继续舞动在玉树草原。我相信，大家一起努力，鹤鸣之春会在玉树草原继续。

（文／图：沈尤、张秀雷）

观察思考
牦牛太多会影响黑颈鹤的生活吗？

雪豹！ 雪豹！

观察对象:
地　　点: 青海三江源国家级自然保护区
地理概况: 澜沧江源头地区，海拔 4000~5000
米的高原牧场，高山裸岩
观察季节: 夏季

带着梦想和一年的精心准备，2013 年 7 月我们来到青海省玉树藏族自治州海拔 4600 米的地方安营扎寨。这里是多家国内外环保与学术机构调查研究雪豹及高原生态的地方，雪豹出没率较高，但是很少有人近距离拍摄到雪豹影像。

　　第一天我们遍访牧民。在藏族牧民的信仰里，雪豹是山神喂养的看家狗，世代守护着神山神林，不可猎杀。但这些年由于环境变化，食物来源短缺，雪豹常常跑来吃牲畜，所以每当看到雪豹，牧民只能放鞭炮驱赶。

　　根据牧民的线索，我们分头进山寻找。高海拔徒步真不是滋味儿，一整天下来大家都累到没有力气说话。但是第二天我们仍然向着更高海拔进军，爬到大约海拔 4800 米的山顶，发现一个山洞，洞中有很多动物毛发和爪印。我们一直蹲守到晚上 8 点多，大伙儿都冻得够呛，还是没有任何收获，于是摸着黑，连滚带爬回到营地。

　　由于体力透支，第三天一大清早我们开车出发，不再徒步了，一整天在车上用望远镜搜寻百十米范围的大小山头。雪豹有着毛绒绒的皮毛，带着许多不规则的黑色圆环，这是它们的保护色，与周围的岩石很难区分。直到傍晚，突然同伴变了调地喊："雪豹！雪豹！"寻声望去，远远地看到了趴在岩石上的雪豹。我拿起相机按下快门的一瞬间，激动得心都要跳出嗓子眼儿了。岩石上还有另外三只雪豹，它们跳跃攀爬，速度快得镜头都有些跟不上。

这是一只母雪豹带着三只幼雪豹！雪豹是攀岩高手，但幼豹毕竟还小，一个土坎连蹦几次都未能成功。小家伙很沮丧地回到妈妈跟前，和妈妈亲密地贴着脸，给妈妈舔毛。据专家粗略推算，目前全世界有3500~7000只野生雪豹，其中三分之一生活在中国的青藏高原地区。能看见母豹带小豹，而且是三只，说明它们在三江源地区生活得还不错。

可能快门声引起了雪豹的注意，它们竟一起向我们走来！距离最近的时候只有差不多50米。雪豹亮晶晶的眼睛望着我们，我浑身都绷紧了，激动、兴奋，又夹杂着恐惧。不过它们就像是来表演一样，三只小幼豹嬉戏打闹，豹妈妈守在一边，只是警觉地望着我们，没有动怒的样子。

　　整个拍摄过程持续了大约一个小时，雪豹似乎一直很配合。天色暗了，当我们转身离开，发现身后山上有一群岩羊。哦，豹妈妈一直盯着的也许不是我们，它是在盘算如何开始它们母子的下一顿美餐吧。这样真好，它们就不用去吃牧民家的羊了。

（文/图：张明）

观察思考

　　雪豹吃牧民家的羊，我们应该怎么办？

盛装夜行的蛾子们

观察对象：枯球箩纹蛾、长尾天蚕蛾、
紫光盾天蛾、榆绿天蛾等

地　　点：四川唐家河国家级自然保护区

地理概况：岷山山脉的高山深谷地带，具有冰
川活动遗迹。瀑布密集，森林茂密，
植物种类丰富。四季分明，雨量充
沛，温暖湿润

观察季节：夏季

唐家河自然保护区位于青川县西北部，山高谷深，由于河流强烈下切，形成许多低海拔的河谷，这里成了好些昆虫的天然庇护所。

夏夜，海拔1900米左右的摩天岭保护站，鸟儿已经归入山林，不远处的瀑布声伴随着各种虫子的低吟浅唱。这样的地方，最适合"灯诱"。

找个合适的空旷阳台，点一盏灯，拉一块白布，然后静候夜行性昆虫的到来。夜行性昆虫中最绚丽的是鳞翅目的蛾类。鳞翅目家族中容易引人注目的是白天活动的蝴蝶，而占鳞翅目种类百分之九十的蛾类，由于大部分是夜行性，常常被忽略。"灯诱"能帮助我们认识它们，这是调查昆虫的常用手法，利用昆虫的趋光性，对昆虫进行识别与拍摄。

"灯诱"开始没多久，就有各种小虫飞向白布，像来赴一场灯光下的聚会，五彩斑斓，有些甲虫金光闪闪，接着那些穿各色奇装异服的大中型蛾子陆续到来，扑闪着巨大的翅膀，发

出"轰轰"的声音。摄影师们已经准备好器材为这些盛装夜行的靓丽蛾子拍照了。

当然，趴在幕布上的蛾子拍起来不是很好看，有时候需要给它们搬个家，挪个地方再拍。枯球箩纹蛾在众多的蛾子里很扎眼，个头大，图案华丽，因为翅纹像箩筐的条纹而得名，前翅上的两只假眼，是迷惑天敌的武器。长尾天蚕蛾拖着长长的飘带来了，这是世界上尾突最长的蛾子，它的后翅后角的尾突延长成85毫米的飘带，绝对是蛾子中的凤凰！紫光盾天蛾是比较常见的蛾子，但是其造型很古怪。榆绿天蛾的后翅上藏着两只明亮的假眼，似乎在对天敌说："我能看见你！"

夜行性的蛾子为什么进化出这么多艳丽的颜色和奇特的外形呢？其实蛾子是用鲜艳的色彩来保护自己，一方面在色彩斑斓的森林环境中具有隐蔽性，同

时又对接近它的天敌提出警告：我是有毒的，不能吃！美国耶鲁大学的学者们通过对蛾类化石的研究发现，早在4700万年前，蛾类就利用艳丽的颜色来保护自己了。而这些艳丽的色彩还有另外一个目的，就是吸引异性的注意。

其实，有些种类的蛾子确实是有毒的，比如刺蛾科的幼虫们，俗称"羊毛辣子"。刺蛾科有的幼虫体色鲜艳，身上密布刺毛，受惊扰时就会用有毒的刺毛螫人，被螫过的人就会起疹子，疼痒难耐。毒蛾科的幼虫也具有毒毛，因此以毒蛾命名科名。

（文／图：袁屏）

观察思考
艳丽的色彩对夜行的蛾子有什么用处？

带回野生兰花的照片，
而不是挖回家养在花盆里，
这才是最好的保护。
让它们继续生活在本来的生态系统中。
如果喜欢，就去野外看它们吧！

岷山深处有奇兰

西藏杓兰

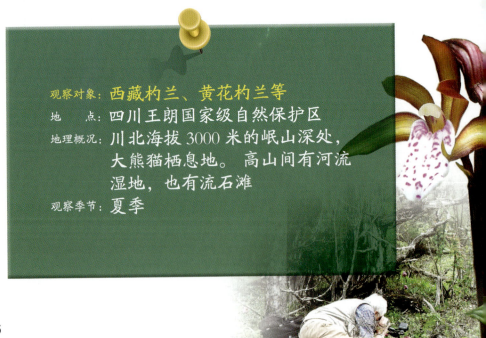

观察对象：**西藏杓兰、黄花杓兰等**
地　点：四川王朗国家级自然保护区
地理概况：川北海拔 3000 米的岷山深处，
　　　　　大熊猫栖息地。高山间有河流
　　　　　湿地，也有流石滩
观察季节：夏季

刚刚入夏，来到王朗保护区，听说有个德国观花团在里面。进山一看，好几位白头发的老头儿老太太，找到兰花，就会蹲下，甚至匍匐在地上，仔细观察，精心拍照。他们隔年来一次，重访老朋友，寻找新种类，如果遇到陌生的兰花，就拍下照片，回去再查资料，判断种类。他们曾经在王朗找到过24种兰花，今年过来，第一天找到19种，第二天又找到3种。

　　德国团走了，我跟保护区两个小伙子一起，尝试着自己去找这些兰花。

　　那是保护区纵深处一条开阔山沟，有冷杉、云杉这些高大的树木，也有一人来高的灌丛，林下草木非常丰富，各种模样的叶子，各种颜色的花朵。很容易就看到西藏杓兰和黄花杓兰了，花朵又大又艳。可是其他兰花在哪里？忽然小梁在一棵大树后趴在了地上，我赶紧过去一看，一枚只有硬币大小的粉红色花朵，整棵植株也只有几厘米高，那舌头一样的花瓣上几个深红色的小点点，秀气灵异。

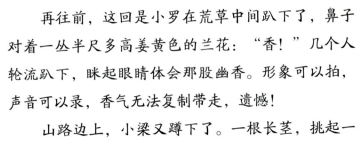

　　再往前，这回是小罗在荒草中间趴下了，鼻子对着一丛半尺多高姜黄色的兰花："香！"几个人轮流趴下，眯起眼睛体会那股幽香。形象可以拍，声音可以录，香气无法复制带走，遗憾！

　　山路边上，小梁又蹲下了。一根长茎，挑起一串绿色的花朵，每一朵花只有黄豆般大，给花朵里面的小舌头拍特写还真不容易。

　　小梁再次趴在了地上，这回又是棵小不点儿，叶子两片，花开一朵，上下两瓣花萼，中间一个圆兜，色彩浓烈。

　　那天我们一共找到10种兰花，后来查出是红门兰、鹤顶兰、凹舌兰、山兰、无柱兰、筒距兰、杓兰……分归7个属，至少6种被列入国家濒危物种保护红色名录。全世界的兰科植物约有800个属，2.5万个种类，德国观花老头儿说自己是"兰痴"，要走遍全世界去看兰花。

　　兰科植物在亿万年的进化中把3枚花瓣中的一枚特化为"平台"，便于昆虫落脚，成为植物界利

用虫媒授粉的佼佼者。看兰花娇媚，却不用担心它们在野外会遇风雨、遭踩踏，其实野生兰花的珍贵，在于它们在天地之间，与其他物种共生共存，即使它们会因风雨而凋零，会因动物踩踏而夭折，但这就是生物圈。了不起的就是它们进化到今天仍然在地球上出现，并以多姿多彩的姿态宣告自己的存在意义！

　　带回野生兰花的照片，而不是挖回家养在花盆里，这才是最好的保护。让它们继续生活在本来的生态系统中。如果喜欢，就去野外看它们吧！

（文：钟嘉，图：罗春平、钟嘉）

观察思考

　　保护兰花是要把它们养在温室中吗？

风中的绿绒蒿

观察对象：**绿绒蒿**

地　　点：四川夹金山国家森林公园

地理概况：成都平原向川西高原的过渡带，邛
　　　　　崃山系，大熊猫自然遗产地，海
　　　　　拔 1000~4000 多米

观察季节：春夏

早晨从宝兴县城出发，车子沿着公路一直往北，一边是激流翻滚的河水，一边是树木庇荫的山岩。当道路开始不断向左向右转弯，就盘山而上了。一个小时之后，车窗外不再有高大的树木，而是漫山绿草，野花点缀。夹金山到了！

　　查看海拔表，已经过了3000米，下车往山坡上徒步。这个季节的夹金山上，整片的浓艳黄花叫驴蹄草，间或有细高身材的淡黄色报春、深紫色的西藏杓兰，还有白色、蓝色、粉红等各色野花，而我要寻找的是高原上的精灵——绿绒蒿。

　　浓雾弥漫，风过飘散，缓坡上突现一株株淡黄色硕大花朵，轻盈剔透，这就是绿绒蒿了！

　　它们都有长满毛刺的茎，长条形的叶子也是毛烘烘的。高海拔寒冷、风大，一般植物都伏贴在地面生长，花朵也开得小小的。绿绒蒿不然，植株有尺把高，似乎细弱却强韧，在风中剧烈摇摆也不弯折，轻薄的大花瓣抖动着，干净透明，十分飘逸。

我在一株又一株的绿绒蒿间寻找最优雅的花朵，忽然，一株深红色的绿绒蒿挺立眼前，身材格外高挑，花瓣更大更飘，如同舞动的红旗，随风舒展。而旁边一株还没有开放的红花绿绒蒿，在垂着头的毛扎扎花托中皱着自己的花瓣，露出丝般光泽，像一卷没有展开的绸缎。

夹金山是国宝大熊猫的家园，高山草甸是藏民族的牦牛牧场。从海拔2000米慢慢上行，在春夏季节，不同的高度，不同的月份，会有不同的野花开放。6月份，是高山野花最为恣意的时光，海拔3500米左右是绿绒蒿一领风骚，没有谁能像绿绒蒿那样高端大气上档次哦。

除了黄色的全缘叶绿绒蒿、红色的红花绿绒蒿，我还在这片山坡上找到几株蓝紫色的绿绒蒿。它们也是大而薄的花瓣，边缘不十分整齐，显得悠然又率性，叫长叶绿绒蒿。

　　绿绒蒿在植物分类中归为罂粟科绿绒蒿属，全世界共 49 种，主要生长在亚洲中部海拔 3000~5000 米的高山、高原地带，中国有 40 种，分布于川、滇、藏、青、甘等省区。藿香叶绿绒蒿、多刺绿绒蒿、五脉绿绒蒿、总状绿绒蒿等等，除了颜色的不同，它们之间的区别可能只有植物学家才说得清楚。

　　这些美丽的绿绒蒿，不会出现在温室和庭院，因为它们在高寒环境中迎风开放才格外俏丽诱人。已经有越来越多的旅行者去高原拍摄绿绒蒿，而不会摄影的我，有机会看看就好啦，拍几张小数码照片留个纪念——夹金山，我来过；绿绒蒿，我见过！

（文／图：钟嘉）

观察思考
高山上的绿绒蒿可以采回家吗？

小绿鸟
与
红杜鹃
共舞

观察对象：**火尾绿鹛**

地　　点：云南高黎贡山国家级自然保护区

地理概况：横断山脉南段的高黎贡山中段，海拔 3000~3700 米，陡峭的山峰与深邃的沟谷，山坡上密布着箭竹丛，高山上盛开着红杜鹃

观察季节：春季

终于爬上了高黎贡山，意外的是，科考营地中存放的炊具丢失了几样，估计来过偷猎者。第二天搜寻的结果是，已经监测了一整年的一对白尾梢虹雉，失踪了！大家的心情一下子坏到了极点。

科考还要继续，采集雉类的粪便，以确定它们的食物构成和活动规律。第三天早上，光线不怎么好就出发了，攀着沟里的石头往上行。忽然有4只小鸟黑乎乎飞过，是火尾绿鹛吗？ 高黎贡山的高海拔区域，除了生活着虹雉、血雉等大型珍稀雉类，还有一些罕见的小鸟，火尾绿鹛就是其中之一。

2—3月正是高黎贡山杜鹃开花的季节，不同海拔陆续有各种杜鹃开放，尤以大红色的居多。海拔3300米左右的山坡上一棵不大的杜鹃树，红花绿叶相配，在枯黄的竹丛里格外亮丽。远望山上更多开着耀眼红花的杜鹃树，走！继续上！

沟里是大大小小的石头，手脚并用才能上行，很多碎石一落脚就稀里哗啦往下滚。山坡上不是竹丛密布钻不过去，就是

太陡站不住脚。偷猎的人上来一趟也够艰难的。寻了平一点的枯草头坐下来休息，沟对面刚好有一大一小两棵杜鹃树，都盛开着红色花朵。

天大亮了，忽然看到小棵的杜鹃树上有一只小鸟跳上来，心一下提起来，是火尾绿鹛吧？举起望远镜，镇静，对焦，求你别飞走啊！

几乎同时，大棵的杜鹃树上，十来只小鸟跳上来，全是火尾绿鹛！绿色的头、脸、身体，红色的飞羽，还有胸前晕开的一抹红，和杜鹃树的红花绿叶相衬，一动一静。这是不是就叫协同进化啊，你绿我也绿，你红我也红；或者这也算是隐蔽色？你红我也红，你绿我也绿。如果是冬天，在高黎贡山较低海拔的箭竹丛见到火尾绿鹛，绝对想不到它们红配绿的含意，鸟类羽色选择的学问大啦。

高黎贡山是杜鹃花的王国，历史上曾经有西方的"植物猎人"不辞艰辛来采集标本和种苗，卖给欧洲的贵族，成为园艺品种。但在贵族花园里，哪里会有火尾绿鹛来与红杜鹃共舞呢？

如同出现得突然，消失得也迅速，转眼间，火尾绿鹛一只都不见了。远处山坡上的竹丛中，

　　红花绿叶的杜鹃树星星点点，每棵树都可能是火尾绿鹛的居所。

　　虽然白尾梢虹雉没找到，火尾绿鹛却给了我启示：在人类看来非常恶劣的地理环境，却是野生动物的适宜家园。而保护野生动物的最好办法是让老百姓在山下安居乐业，不用靠偷猎为生。保护区正在这样努力，只是还需要时间。

　　　　　　　　　（文：钟嘉，图：董磊、张雪莲、钟嘉）

观察思考

　　火尾绿鹛的羽色选择红配绿是为了好看吗？

"雨林之舟"
亚洲象

观察对象：**亚洲象**

地　　点：云南西双版纳国家级自然保护区

地理概况：热带雨林，湿润气候，低山连绵，
　　　　　河流纵横

观察季节：四季，尤其是旱季

在人们的印象中，大象似乎只生活在热带地区，例如非洲、东南亚、印度。实际在历史上，亚洲象的分布区曾经达到黄河沿岸。但由于环境变化、人类捕杀等因素，亚洲象的活动区不断向南退缩，在中国境内，已经退缩至西南部中国与老挝缅甸边境的热带雨林里，数量相对多一点的区域是西双版纳傣族自治州。

西双版纳在澜沧江畔，现存中国境内最大面积的热带雨林，也是中国野生亚洲象最后的庇护所。而澜沧江，傣语意思就是"百万大象之河"。

西双版纳有个著名的旅游景点叫"野象谷"，其实原名"三岔河"，是几条密林中蜿蜒的小河汇集在一起的河谷，隐秘在茫茫原始丛林中。公路修通之后，发现野生亚洲象经常在附近出没，逐渐被冠以"野象谷"的名称。

在野象谷，随时有可能与野生的亚洲象不期而遇。动物园中的大象给人憨厚可爱、行动迟缓的印象。实际上，野生环境下的野象并非如此，它们短距离奔跑的速度足以超过地球上跑得最快的短跑运动员"闪电"博尔特。在人类寸步难行的茂密

丛林中，亚洲象以数吨重的庞大体型如履平地，毫无阻碍。所以，遇见野象是相当危险的事情，千万不能靠近。

野象谷设立了高架桥，在高桥上，不但可以安全地欣赏野象从丛林里面出来，观察它们自由自在地觅食、嬉戏，而且可以享受热带雨林沟谷地带的旖旎风光。河谷两岸巨树参天，到处藤萝密布，好像一幅绿色的巨毯，将整个森林罩得严严实实，只有热带鸟类在森林上层来回穿梭。

如果特别想了解野象，必须跟随熟悉野象习性的研究者或当地向导，沿着野象踏出的小道进入丛林。这种小道也叫"兽道"，大象用庞大的身躯，在密闭的丛林中踏出一条宽阔的"路"，很多动物利用这样的小道穿行林间。

丛林深处的景象和在外面看到的完全不同。从外面看，热带雨林密不透风，实际上，成熟的热带季雨林内部非常空旷。这是因为热带植物生长旺盛，树木为了竞争到足够的阳光，都拼命把枝条

和树叶伸向天空，乔木层因此异常发达拥挤，密集的树叶将阳光几乎完全挡住，结果森林下层非常郁闭，很少有植物能在得不到阳光的阴暗林下生长。

在这样的森林中，就能看出大象扮演着怎样的重要角色。大象连吃带玩，喜欢将大树推倒，好像给密闭的森林开了一个窗户——"林窗"，阳光通过林窗照到地面，草本和小灌木因此能发育生长，食草动物也能得到充足的食物。所以说，野象好比热带森林这片大海上的雨林之舟，能给其中的动植物带来或立体或多样的持续性活力。

（文／图：冯利民）

观察思考：

在热带雨林中，亚洲象对生态系统的作用是什么？

东西南北之后,
还有一个"中"。
这个"中",
看似平常实则特别。

中国幅员辽阔,
东西南北各有特点,
特意把不南不北、
不东不西的腹地挑出来独立一组,
因为这里
风格独特——南北方的分界线,
东西部的结合点,
长江黄河正处中游,
秦岭淮河气象万千……

南海诸岛

就说一个中部地区的简单特征:
四季分明。这算特征吗?
其实中国好些地方很难说有四季:
海南只有旱季雨季,
昆明四季如春,
青藏高原没有夏天,
大兴安岭半年冬天……

而中部地区,
冬天寒冷,夏天炎热,春秋绵长,节气鲜明。
想想看,中华文明从这里发端,
夏商周秦创建于此,
皆因这个区域
土地肥沃,水源充沛,
气候适宜,物种丰富,
最适合人类繁衍生息。

而世世代代与人类密切交集的动植物们,
它们今天还好吗?

【中】

MIDDLE

W h y blue sheep need wolves

小大是猛禽猫猫

观察对象：领鸺鹠和黄脚渔鸮
地　　点：陕西佛坪国家级自然保护区
地理概况：秦岭南坡，大熊猫的保护区，
　　　　　动植物物种丰富
观察季节：四季

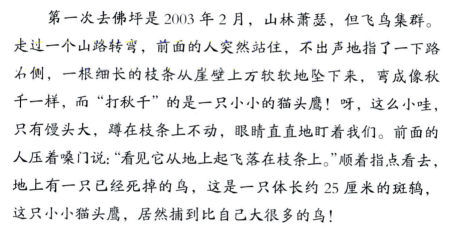

　　时隔 9 年，两次去秦岭深处的佛坪国家级自然保护区，一次隆冬，一次晚春，竟都有幸遇到猫头鹰。

　　猫头鹰"萌态"可掬，圆圆的脸盘，圆圆的眼睛，还会睁一只眼闭一只眼。其实在野外遇见猫头鹰，会发现它们更萌。

　　第一次去佛坪是 2003 年 2 月，山林萧瑟，但飞鸟集群。走过一个山路转弯，前面的人突然站住，不出声地指了一下路右侧，一根细长的枝条从崖壁上方软软地坠下来，弯成像秋千一样，而"打秋千"的是一只小小的猫头鹰！呀，这么小哇，只有馒头大，蹲在枝条上不动，眼睛直直地盯着我们。前面的人压着嗓门说："看见它从地上起飞落在枝条上。"顺着指点看去，地上有一只已经死掉的鸟，这是一只体长约 25 厘米的斑鸫，这只小小猫头鹰，居然捕到比自己大很多的鸟！

　　领鸺鹠，是它的大名，它在中国有分布的猫头鹰中，是身材最娇小的一种。正僵持着——它不舍得放弃猎物飞走，我们还想多看几眼，它忽然扭了下头，转了个 180 度，呵，脑袋后面又是大大的一对"眼睛"。这种"假眼"也叫眼斑，是为了迷惑敌人？我们笑起来，溜着路边赶紧往前走了。它也同时飞开，但估计一会儿就会回到它的美餐跟前。

　　第二次去佛坪是 2012 年 5 月下旬，满山葱绿，鸟鸣更见幽。沿山区公路开车，天已经黑了。就在车灯晃过的当口，前排坐的人喊了声："渔鸮！"车子冲出去好远才停住，慢慢往回倒，路边的溪流中，一块大石头上，黑乎乎地站着半米多高的一只大猫头鹰！

　　黄脚渔鸮，喜欢森林密布的山区河流，以捕鱼为生。因人类的打扰太多，它们逐渐往深山转移，不易见到。看到倒车，渔鸮展翅飞起来，向路边黝黑的林子飞进去了。但它没飞远，站在一根大横枝上。举起望远镜观看，它居然像跳新疆舞那样

横着动脖子，还在树枝上左蹭几步，右蹭几步。"太好玩了！"众人感慨了一会儿，看它似乎不耐烦，可能是着急下河逮鱼吃吧，我们收队上车跟它拜拜。

黄脚渔鸮是体长超过 60 厘米的特大号猫头鹰，白天总是躲在比较隐蔽的树林里休息，羽毛具条纹保护色，很难被发现。而领鸺鹠全长才 16 厘米，随便落在林中，更不容易看到，但森林中只要它的叫声一起，小鸟们纷纷逃窜。

猫头鹰属于猛禽，处在食物链高端，有它们出现，说明该地区物种丰富，森林生态系统比较完整。

（文：钟嘉，图：刘毅、董文晓、严少华、林剑声）

观察思考

为什么有的猫头鹰脑后的羽毛会形成"假眼"呢？

在西方，
耧斗菜叫什么呢？
耧斗菜的英文名 Columbine，
词源来自"鸽子"的拉丁名，
因为花的样子
像五只聚拢的鸽子。

森林中的小灯笼

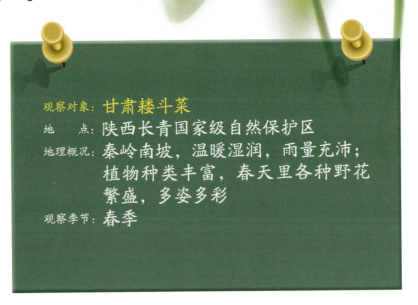

观察对象：**甘肃耧斗菜**

地　　点：陕西长青国家级自然保护区

地理概况：秦岭南坡，温暖湿润，雨量充沛；
植物种类丰富，春天里各种野花
繁盛，多姿多彩

观察季节：春季

4月的秦岭，雨说来就来，一场大雨过后，路边的野花被雨水浸润得水淋淋的，花朵上的雨滴，像水晶一样挂在上面，给平常的小野花增加了一些珠光宝气。

蒲儿根是一抹靓丽的黄色，这是一种广布中国南方尤其是西南的菊科植物。秦岭是中国南北方的分界，长青保护区在南坡，会有蒲儿根分布。而球茎虎耳草花开白色，小花瓣带着卷曲，这是中国南北方都有分布的小花。

野花中最显眼的是甘肃耧斗菜。耧斗菜花型奇特而美丽，它的萼片同花瓣一样的紫色，花没开的时候，紧贴着花蕾保护着花，花开放了，又极其张扬地伸展开来衬托着花瓣，使得花型更加丰富。甘肃耧斗菜的花瓣更神奇，花瓣的前端黄白色，像晕染出来的，颜色慢慢渐变，到后部变成紫色并延长成一个长长的距，顶端弯曲成钩子，仔细端详很像伸着脖子的五

无距耧斗菜

只天鹅。耧斗菜的花朵总是低垂着，像一盏盏灯笼，要想看清楚花蕊，还得趴下来仰视才行。

耧斗菜，全球分布约 70 种，我国大约有 13 种，分布于西南至西北和东北地区，甘肃耧斗菜分布于陕甘川及鄂西和滇西北。长青保护区还能见到一种无距耧斗菜，花型比较小，花瓣没有那种延长的距，也是偏西部分布的种类。

相比之下，甘肃耧斗菜的花造型太精致了，谁来设计一盏这样的台灯，一定很畅销，或者扎成过年的花灯，一定会吸引很多喜欢大自然的人来购买。这样美丽的花儿，为什么叫耧斗菜呢？

原来，耧也叫耧犁，是 2100 多年前汉武帝时搜粟都尉赵国发明的一种播种农具，可以同时完成开沟和下种两项工作，一直到现在，北方有些农村还在使用这种农具。耧斗菜的花朵形状就像是耧上面用于盛放种子的斗，而它的嫩叶可以作为野菜食用，所以被称为耧斗菜。可见，给这植物起名的应该是用过耧斗的中国老百姓。而在西方，耧斗

菜叫什么呢？耧斗菜的英文名 Columbine，词源来自"鸽子"的拉丁名，因为花的样子像五只聚拢的鸽子。

耧斗菜一般生长在山林的潮湿处，既有素雅的颜色，也有艳丽的品种。据中草药书记载，耧斗菜可以去淤，止血，镇痛，在中国，它们被采摘作为药物使用。而欧美很早就开始培育耧斗菜，现在有几百个园艺品种，几十种颜色，有重瓣、复色等多种花型，现在花卉市场上的观赏耧斗菜大部分是进口品种。中国那些造型奇异而靓丽的耧斗菜，大家要去深山里，才能欣赏到它们的美丽。

（文／图：袁屏）

观察思考

耧斗菜的名字是怎么来的呢？

斑羚的微笑

观察对象：**中华斑羚**

地　　点：陕西长青国家级自然保护区

地理概况：中国北亚热带与暖温带的交汇过渡
地带，也是两个动植物区系的过渡
地带，地形多变，岭梁纵横，动植
物垂直分布差异也很明显

观察季节：春季

大熊猫、朱鹮、川金丝猴和羚牛被称为"秦岭四宝"。长青国家级自然保护区，正位于秦岭中段南坡，是以保护大熊猫和野生动植物为主要目的的自然保护区。4月来到长青，羚牛和大熊猫已经进入高海拔地区，很难见到；而朱鹮在洋县的水稻田里就有，招引的川金丝猴可在旅游区看到，没有惊喜。发现的惊喜来自另一种野生动物。

　　那天中午下山的时候，突然不远的地方有一只羊一样的动物，但高大如小牛。终于碰到野兽了！但我不敢往前走，怕惊吓了它。它先是犹豫了一下，回头看看，发现有人慢慢地想靠近一点，它立刻警觉地向前飞奔，敏捷地跳进了路边的林子里，爬坡像走平地一样。但是它并不跑远，躲在树林里扭头往外看。这下看清楚了，它的喉部有片很大的白斑，这是标志性特征，中华斑羚！它头上有角但很短很细，是只幼年的斑羚。俗话说，初生牛犊不怕虎。看来小斑羚非常好奇，偷偷地打量来人，它以为躲在树后面，我就看不到它了吗？

下午上山的时候，斑羚又给了我一次惊喜，它还在刚才的那条路上，也许这片地方有它喜欢吃的美食吧。斑羚喜欢吃嫩叶、苔藓、青草和野果！这次它没有急急忙忙地逃走，而是在路上与我对站着，眼睛中没有惊恐和惧怕，那上翘的嘴型似乎在微笑呢！

第一次在野外和一只大型野生动物这样面对面，我知道它对我没有威胁，它似乎也知道我对它也没有威胁。在长青保护区的三天，红腹锦鸡每天都在路上安静地觅食，因为没有盗猎，没有人的干扰，野生动物与人的距离缩近了不少。

斑羚和羚牛都是牛科羊亚科家族的成员，羚牛也叫牛羚。这个家族成员大多生活在高原或山地。羚牛的秦岭亚种体型最

大，夏季在高山上生活，冬天进入亚高山向阳的山地觅食。它们通体白色泛着金黄，长相威武，但数量已不足5000头，和大熊猫一样堪称"国宝"。可惜这次来秦岭无缘一见。

不过见到斑羚也令人欣慰。中华斑羚在中国有两个亚种，分布比较广泛的是华南亚种，西南亚种生活在四川、云南和西藏。它们曾经是数量很多的森林动物，但由于森林的大量被砍伐，栖息地不断减少，加上人为猎杀，现在已经数量稀少，难得一见。所以，能在野外看到斑羚是一件非常幸运的事情。

去野外观赏野生动物的魅力在于，永远都无法预知会看到什么。但只要耐心寻找和仔细观察，总有惊喜会发生。这一次在长青保护区看到了斑羚的"微笑"，我心里充满了幸福！

（文：袁屏，图：袁屏、汤正华）

观察思考

斑羚是生活在森林还是草原？

三颠之上的
树莺之歌

黄腹树莺

观察对象：黄腹树莺
地　　点：河南小秦岭国家级自然保护区
地理概况：秦岭山脉东端，海拔最高的老鸦
　　　　　岔垴海拔2413.8米，河南省最高
　　　　　峰
观察季节：春季

河南最西头有个灵宝市，与陕西交界；灵宝的山与陕西的山连着，是秦岭山脉的最东端，这里建立的保护区取名小秦岭。

　　小秦岭低山的亚武山森林公园，5月里小鸟成双成对，嘴里叼着虫儿，忙碌着育雏。斑胸钩嘴鹛、棕颈钩嘴鹛、方尾鹟……很多都是南方常见鸟种。虽然习惯上人们把河南看作北方省份，豫西却有许多北京这样的北方看不见的鸟类。因为小秦岭既然属于秦岭山脉，就一样有南北分界线的特点，这里是很多南方鸟种分布的北限。

　　小秦岭保护区的最高点叫老鸦岔垴，盘旋上山的公路边先听到"呼呼呼呼"，中杜鹃的鸣叫已标志到了高山区。白领凤鹛成群，银脸长尾山雀露脸，乌嘴柳莺"咪咪哆哆咪哆"的小旋律，云南柳莺"锵锵锵锵"的喧唱，栗腹歌鸲、灰头灰雀、白腹短翅鸲都接连亮相，还有美艳之极的酒红朱雀，好一派西南山地的鸟种风格。但令人叫绝的不仅于此。

到海拔 2000 米以上，钻进一大片杜鹃树林，小秦岭保护区最负盛名的物种是灵宝杜鹃，一株"千年杜鹃王"在 5 月上旬花开满树。

就在杜鹃灌丛间，一种鸣唱在身边响起，不住气儿的连续短音越来越快，终于转成一串打嘟噜的颤音，又连绵很长很长，超过一分钟了，听着快把人憋死。这是黄腹树莺，我在秦岭山脉最西头的甘肃莲花山听过它们的歌声，此刻在秦岭最东头又听到，好亲切。一只黄腹树莺跳到我身边，小样儿！另一只黄腹树莺衔着一片小小的黄树叶跳过，它们在筑巢，繁衍儿女。

黄腹树莺体长只有 11 厘米，是在中国南方高海拔广泛分布的小鸟。有趣的是，台湾玉山也有它们的踪迹。这说明在台湾岛与大陆分离前的地质年代，黄腹树莺就已经存在了，之后被隔离了 100 万年，它们几乎还是一个模样，一个唱腔。

方言是同一种文化但不同地域人们的语言差异，小鸟也有方言，黄腹树莺提供了最好的例证。台湾有一位孙清松先生研究鸟鸣，他在台湾的玉山录下黄腹

银脸长尾山雀

音频图谱对比（从上到下分别是玉山、小秦岭、猫儿山）

树莺的曲目，又在广西的猫儿山录到黄腹树莺的鸣唱，做出音频图谱一对比，相差大约 1000 赫兹，人的耳朵不知能否听出这种差别。我把在老鸦岔垴录下的黄腹树莺鸣唱用电子邮件发给孙清松先生，他也做出了图谱。哈，比玉山的黄腹树莺嗓音高点儿，比猫儿山的嗓音低点儿。

非常巧的是，老鸦岔垴是中原之巅，玉山是华东之巅，而猫儿山是华南之巅，三巅之上居然都有黄腹树莺的领地。只能感慨远隔万水千山，无法让它们来一个三重唱。

（文：钟嘉，图：孙清松、邓明选、张凯）

观察思考

黄腹树莺的唱腔有什么特点？

209

迷恋那古老而珍稀的大鸨

观察对象：**大鸨**

地　　点：河南郑州黄河湿地自然保护区

地理概况：黄河沿岸的广阔滩地，一望无际的大平原，是农田，也是保护区

观察季节：春季、秋季、冬季

我的家乡在河南中牟，黄河边无际的原野上，春种秋收之后，成千上万的迁徙水鸟会来这里越冬，它们在农田里取食野草或遗落的粮食，甚至越冬的麦苗，黄河湿地保护区也因此而建立起来，保护着来此越冬的灰鹤、豆雁等等，尤其是更为珍稀的鸟类——大鸨。

　　我第一次见到大鸨是 2009 年 3 月的一个周末。早就听说这个季节大鸨还没有北迁，在旷野上找寻了大半天，远远看到有大鸟飞起，我快速举起相机，透过镜头看到的正是大鸨！我找到它们啦！如何能近距离拍摄到又不惊扰它们呢？我立刻使出当兵时的劲头，匍匐前进，全然不顾身下全是灰土，终于接近了大鸨。按下快门的时候，心脏突突狂跳，呼吸急促，情不自禁地手抖……眼前的一大群共有 96 只，静静伫立在黄河湿地上。哈，终于拍到了大鸨！打电话给保护区，他们兴奋地说，这是保护区近年来大鸨数量最多的一项新记录。

从那以后，我就无可救药地深深迷恋上这个古老而珍稀的鸟种，有事没事就去黄河滩地看它们。后来的四年间，根据我的观察，大鸨在清明时节北上迁到在内蒙古东北的繁殖地，半年之后再回河南，越冬的先锋部队总是在每年的10月中下旬，伴着寒冷的气流如约而归。

2010年11月下旬我在封丘见到一群大鸨中有一只白化的个体。一周之后居然在中牟湿地的大鸨群中又看到它。这一发现，说明沿河上下游两块相距20多千米的大鸨越冬地的关联性，中牟和封丘的越冬大鸨是同一种群。

一次，我见到受伤的大鸨，它已被老乡救到窝棚里。它的眼神柔弱而痛苦，我的心像针扎一样难受。我和朋友立刻带它到了中牟最好的兽医院，它是被某种动物咬伤感染了，已经瘦得不行，难以救活。四天后，它默默地在我的怀中永远地闭上了双眼……大鸨的死，给了我许多思考，希望通过民间组织和保护区共同的努力，建立一个良好的野生动物救助体系。

　　连续五年的持续观测与记录，使我对郑州、开封、新乡三地黄河湿地的大鸨越冬情况有了比较深的了解。大鸨体格庞大，却善于飞行，它胆小，敏感，聪明，对人类非常警惕，也常常会利用地形伪装。目前它们每年能来150只左右，但湿地面积在减少，人类活动在增加，我为它们的前程忧心忡忡。

（文／图：李振中）

观察思考
　　大鸨每年什么季节会出现在河南的黄河湿地？为什么是这个时候？

相逢在大别山

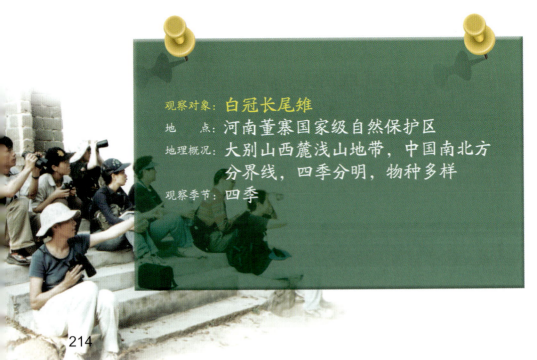

观察对象：白冠长尾雉
地　　点：河南董寨国家级自然保护区
地理概况：大别山西麓浅山地带，中国南北方
　　　　　分界线，四季分明，物种多样
观察季节：四季

10 月艳阳天，又一次来到大别山中的董寨国家级自然保护区。

黎明中走向荒田保护站，一只黑白两色的漂亮鸟站在路边小水库上方的电线上，它头上的羽毛翘起，正瞄着水里想逮鱼吃，这是叫"冠鱼狗"的鸟。前方灌丛中叽里咕噜有鸟聒噪，闪出几只影子，是描了眼圈画了眉线的画眉鸟，它们唱歌很好听。早晨是小鸟们的活跃时间，但我的目标不是它们，我希望再次看到白冠长尾雉。它们体大超过常见的野鸡许多，雄性身上的羽毛黑黄白夹杂，色彩斑斓，尾羽的长度是所有野鸡中的冠军，足有 1.5 米。

继续沿山间小路行走，突然"呼啦啦"一阵树枝晃动，是它了！树丛后面是一块收割后的稻田，白冠长尾雉喜欢来这里啄食遗留的谷粒。但是它们非常警觉，往往是你没有看见它们，它们就看见你了，会迅速飞上山林中的隐蔽处，让你只听见声响不见踪影。这一只也同样，我借助望远镜才在树林缝隙中看到它的身影，　　　　是公鸡，昂头挺胸雄赳赳，歪着头看我，等着我离开。　　　　走不远又有一只雄鸟出现，拖着长长的尾羽，优美地划过树梢，落入我看不见的林下深处。

长尾雉是典型的森林地栖型鸟类，鸡形目雉科长尾雉属一共只有4种，都是中国特有，它们以长长的尾羽在地球生物多样性中彰显自己的基因特色。白颈长尾雉分布在中国东南地区，黑颈长尾雉分布在中国西南边陲，黑长尾雉仅分布于台湾，而白冠长尾雉分布在中国的中东部山地。所有长尾雉都是国家级保护物种。

京剧中武生头饰上的翎羽用的就是白冠长尾雉的尾羽，人们对白冠长尾雉漂亮尾羽的喜爱，也是它们被捕猎的主要原因。色彩暗淡的白冠长尾雉雌鸟有一身很好的保护色，雌鸟负责孵化、养育后代，它们把自己藏在林下不易被发现。

鄂豫皖三省交界的大别山是目前白冠长尾雉分布密度最大的区域，又以董寨保护区里密度最高。记得第一次在董寨邂逅白冠长尾雉，是5月，在山里的小路边，突然看到一只卧着的

母鸡，见我过来也不肯离开，它一定是抱窝孵小鸡呢。护林员说，白冠长尾雉的巢总是被发现在离小路不远的地方，它们是想减少天敌的侵害，小路常有人走动，蛇啦、黄鼬啦可能就少些。长尾雉倒是挺聪明的嘛，难道它们知道这是在保护区里，走过的人不会伤害它们吗？

　　有过野外相逢经验的人就知道了，白冠长尾雉冬天通常集小群活动，所以，冬天在野外有可能遇到十几只白冠长尾雉在一起的壮观景象哦。只要人类不伤害它们，在大别山区遇见它们的机会还是很多的。

（文：钟嘉，图：董文晓、杜卿、钟家智）

观察思考

白冠长尾雉为什么要长那么长的尾羽？

瓦罐收获的和谐

观察对象: 红角鸮、山麻雀、四声杜鹃等
地　　点: 河南董寨国家级自然保护区
地理概况: 在大别山区国有林场基础上建
立的鸟类自然保护区，保护
区的林地与乡镇的田园、村
落交错
观察季节: 春夏

第一次去董寨是 1999 年 5 月，林子里面到处挂着"吊丝鬼儿"——尺蠖。这种细细软软的褐色肉虫子，用一根丝荡在空中，不小心就粘到人身上。水杉树新发的嫩绿树叶，几乎被这些虫子吃光了。为什么不打药灭虫呢？保护区的局长笑笑：闹一段就过去了，没关系。

　　7 月份又去董寨，水杉发出了新叶，尺蠖不见了。仔细留意，董寨的好些树上，挂着红砖颜色的瓦罐，一个小圆口开在瓦罐侧面，常常有小鸟探出头来。鸟爸鸟妈衔着各种小虫来喂食，唧唧啾啾地好不热闹。这是人工巢箱吗？怎么不是木头箱子而是瓦罐呀？

　　原来，20 世纪 60 年代董寨还是林场的时候，就听取了中国鸟类学界泰斗郑作新先生的建议：不用药剂灭虫，挂上人工巢箱，吸引更多鸟类安家落户，让鸟儿吃虫，帮助林场控制虫害。大别山因为历史上的砍伐，带天然树洞的大树不多了，那些要以树洞为家的鸟儿，不容易找到繁殖场所，而挂上人工巢箱，小鸟就方

便了。董寨最早的人工巢箱鸟类入住率达到了 70% 以上，"虫口"因此减少 60%，即使周期性爆发，也是有虫不成灾。植物、鸟类、昆虫，在董寨都有自己的生存空间，保持了自然本身的生物链。

但是大别山区雨水多，很潮湿，木头箱子容易腐烂。那些年年都喜欢利用旧巢的鸟要另找新家，很费事，保护区做新巢箱开支也不小。董寨就用成本很低的瓦罐替代一部分木头巢箱，每年繁殖季开始之前，职工们去清理一下旧巢箱，就等小鸟回来了。

利用人工巢箱的小鸟有大山雀、山麻雀、丝光椋鸟等等。山麻雀鸟爸的头顶和背部红红的，鸟妈却是一身褐灰色，隐蔽色帮助它保护自己和小鸟宝宝。有一种小猫头鹰叫红角鸮，最喜欢把瓦罐当爱巢，毛茸茸的小猫头鹰出世后，大脑袋探出罐口来看世界，格外有趣。

　　鸟儿在董寨找到了理想的家园繁殖后代，一年又一年，数量越来越多。董寨在20世纪80年代建立起鸟类保护区，21世纪以来成为全国最知名的观鸟胜地之一。去董寨观鸟最有趣的就是看杜鹃吃毛毛虫，它们捉到毛毛虫后，先仔细地用上下喙把毛毛虫从头到尾夹夹扁，把那些毛刺都夹倒了再吞下去，吃得好香啊！

　　特别值得一提的是，近些年董寨人工巢箱的入住率下降了，为什么呢？原来，几十年的保护有了成效，森林越来越茂盛，鸟类可利用的天然巢穴越来越多，看不上人类提供的"经济适用房"啦。但瓦罐收获的自然和谐，去董寨看看，一定还能深有体会。

（文：钟嘉，图：钱斌、溪波）

观察思考

董寨的森林为什么不用打药灭虫？

溪潭水清
见肥鲵

观察对象：**商城肥鲵**

地　　点：河南商城金刚台自然保护区

地理概况：鄂豫皖三省交界的大别山腹地，气候湿润，四季分明，海拔从300米到1500多米，瀑布溪流众多，金刚台峰高1584米，山体壮观

观察季节：四季

　　看河南省地图的东南角，往南是湖北，往东是安徽，这里是大别山腹地。金刚台，一个火山遗迹地质公园，也是省级自然保护区，5月初夏好时节，我们去找一种稀罕的两栖动物——商城肥鲵。

　　两栖类动物通常是指既能在水里栖息也能登陆的动物，但是它们主要依赖湿地、水体生存，大部分种类的取食、繁殖都离不开水。蛙、鲵、蝾螈等都属于两栖类，卵生，幼体和成体有较大差别。

　　蝌蚪是蛙的幼体，黄豆大的身体拖条小尾巴，它们慢慢会长出四肢，脱掉尾巴，长成蛙模样。在金刚台溪潭中，我们看见一种蝌蚪，身形大如枣，令人吃惊。商城分布一种隆肛蛙，体形硕大，十几年前刚刚与其他隆肛蛙区别出来，也许这蝌蚪就是它的孩子？

大鲵，俗称娃娃鱼，本来分布广泛，因为人类的捕食和生境的破坏，现在已经非常稀少，在商城还有野生大鲵，但也难觅踪迹。小鲵，也是罕见的两栖物种，商城有豫南小鲵分布。商城肥鲵，这个最稀罕了，是 30 年前被发现而命名的，仅在商城及附近两三个县有分布。

沿着曲折的溪流，水潭、瀑布、巨石、浅滩，一景接一景，两岸大树庇荫，脚下花草葳蕤。往一处一处的溪流清潭中仔细看，沙粒潭底或大石头上，粼粼波光下，有时能够看见棕色发黑的、十几厘米长，两头几乎一般粗的"棍儿"，有四只小脚丫，这就是肥鲵。它们身上的小白点，往往因水光的缘故看不清楚。肥鲵一般不爱动，碰掉一个小石子，刚落水面，它们就窜了，极其敏捷。所以，要想见到肥鲵，千万不能往水里扔东西哦。

商城水好，才有丰富的两栖类。大别山处于中国南北分界线上，是中国最北的茶叶产地之一，中低山遍布茶园。大别山也是长江淮河的分水岭，水稻田环绕山脚，山上板栗、银杏、杉木成林。这里工矿企业不多，污染很少，尤其是大别山腹地，更是保持了较好的原生态景色，珍稀的肥鲵才能在这里生存。

这些年陆续有科学家到商城来研究两栖类动物的行为生态，研究它们的繁殖行为、觅食行为、幼体的生长规律，还有它们如何选择栖息地，群体间是什么关系，如何联络等等，都是以前未知的领域。商城肥鲵是主要的研究对象，其他研究对象还有叶氏隆肛蛙、合征姬蛙、豫南小鲵等。金刚台保护区提供了很好的研究条件，在这里要找到这些珍稀的两栖类动物相对容易一些。要是找都找不到，谈何研究呢。

（文：钟嘉，图：钟家智、钟嘉）

观察思考

为什么金刚台保护区里的两栖类动物比较多？

长江江鱼的新故事

观察对象：**长江里的鱼**

地　　点：湖北石首天鹅洲长江故道

地理概况：曾是长江弯曲的干流，1972 年
长江自然裁弯，弯曲的故道成
为牛轭湖，汛期与长江相通
建闸后人为控制与长江的联系

观察季节：春夏

　　"青草鲢鳙"听说过吗？长江四大家鱼，江湖洄游性鱼类，在江河中产卵，在湖泊中长大。鱼塘中养的鱼，鱼苗也一定是来自江河中的野生亲鱼。

　　给亲鱼做手术听说过吗？在鱼身上切一个口子，埋进一个东西，再拿线缝起来……先不说这鱼还能不能活，你肯定要问为什么做这个"手术"。

　　2010 年 4-5 月，实验人员在湖北监利和石首两个国家级四大家鱼原种场，挑选合适的亲鱼一共 29 尾，麻醉后在腹部切口埋入超声波标记牌，缝合伤口后放回鱼塘。5 月 22 日"长江四大家鱼增殖放流"，这些标记鱼与 500 多尾青草鲢鳙亲鱼一起放入长江，通过回收信号，了解它们的洄游规律及产卵场位置等信息。随后追踪到 24 尾的信号，显示了停留、徘徊、溯游的移动轨迹和移动速率，带有压力传感器的亲鱼，还发回了水深信号。

给鱼做手术进行的这项实验研究，是要搞清楚四大家鱼的产卵规律，以便保护长江中它们的产卵场，并通过放流的亲鱼来产卵，增加繁殖鱼苗，恢复长江处于危机中的鱼类资源。

讲了"增殖放流"，还要讲"灌江纳苗"。天鹅洲等长江沿岸的湖泊都有天然水道与长江相连，长江中的鱼苗会随着洪水流入湖泊，长大后湖泊就有丰富的渔产。而大部分通江湖泊都因为防洪抗旱等需要建起水闸，截断了与长江的天然联系，湖泊的渔业生产要靠人工放养鱼苗。"灌江纳苗"就是不仅让闸口用于防洪抗旱，还要根据湖泊的生态需要来开闸，灌进长江水，接纳天然鱼苗，这不仅能提高鱼的产量和品质，也能更换湖泊水体，降低污染，否则湖泊就如死水一潭。

　　没想到吧，餐桌上的清蒸鱼、红烧鱼也有很多名堂：它们必须是长江亲鱼的子一代，如果是人工养殖的子二代、子三代……品质、味道就差多了。人工养鱼不可能实现天然环境中的生物链，而灌江纳苗进入湖泊的鱼种非常多样，也有许多浮游生物，这种生态条件下的鱼，才够健康、美味。

　　天鹅洲长江故道是白鱀豚和江豚这两种珍稀淡水豚的自然保护区，20世纪90年代天鹅洲还野放了麋鹿，建立起麋鹿国家级自然保护区，天鹅洲同时也是四大家鱼的天然种质资源库。天鹅洲的通江闸门过去仅服务于防洪、灌溉，如今的新功能是：生态调节，涵养湿地，灌江纳苗。不止天鹅洲，湖北的洪湖、涨渡湖，安徽的破罡湖、白荡湖，等等，这些年也都陆续采取闸口生态调度、灌江纳苗，那些增殖放流的鱼苗，就能通过开闸进入湖泊了。

（文：钟嘉，图：段辛斌、余耀明、李明璞）

观察思考

　　为什么长江的通江湖泊要建水闸？为什么要"灌江纳苗"？

229

东方白鹳的飞行大队

观察对象：**东方白鹳**

地　　点：安徽升金湖国家级自然保护区

地理概况：亚热带季风性气候，温暖湿润，这里是长江南岸鱼米之乡，辽阔浩淼的淡水湖泊，在丘陵和农田的怀抱中端庄而壮丽

观察季节：冬季

　　冬季的长江中下游淡水湖泊，充满生机，有无数来自北方的朋友——候鸟，不远万里，飞向南方，寻找乐土，度过冬天。安徽升金湖以渔产"日产升金"而获名，是江南最富饶的湖泊之一，20世纪80年代因为发现了国家一级保护物种白头鹤等珍稀鸟种在此越冬，建立起自然　　保护区。升金湖就是候鸟越冬的乐土。

　　每年冬天我都会来到　　这片美丽的湖区，远距离观察这些天空中的精灵。这一　　次，前方的草滩和湖泊中，栖息着20多种水鸟，有些在休息，有些在觅食，有些在玩耍。突然，天空中飞来一大群庞然大物，陆续降落在远方的湖畔，我用单筒望远镜仔细观察，原来，这是一群东方白鹳。

　　东方白鹳是大型涉禽，长颈长腿，全身白色，飞羽黑色，有一个直长而粗壮的黑色大嘴。它们在欧　　洲的近亲叫白鹳，长相只有一处不相同，白鹳的大嘴是　　红色的。嘴大吃四方，东方白鹳会找各种东西来吃，无论是植物的茎、农田中的谷子，或者鱼虾，都是它的美食。每到春天，它们回到北方的繁殖地，雌雄两只东方白鹳会不停地"打嘴"——上下喙

敲打出声音——来示爱，然后结伴在树顶或者电线塔上用树枝
筑造一个巨大的巢，繁衍后代。

　　东方白鹳每年都来升金湖越冬，但这样上百只的一大群还
是十分令人激动的，我也是第一次看到这么多东方白鹳呢。大
约过了半个小时，这群东方白鹳突然有些骚动，不一会儿，它
们陆陆续续起飞，开始"飞行大队"最壮观的飞行表演——借
着冬日暖阳带来的上升气流，它们张开巨大的双翼迎风盘旋，
近百只聚集，有的飞得低，有的飞得高，形成一个巨大圆柱状
的群，越盘旋越高。想象它们在高空中，整个升金湖湖区都映

入眼帘，突然觉得"鸟瞰"这个词真是造得好啊！

如此巨大的飞鸟在空中一起盘旋，是多么壮观！东方白鹳的首领负责带领整个群体盘旋，寻找下一片停歇站。它们盘旋的过程持续半个小时之久，充分活动开了，才找到最适合的地点，柱状编队也逐渐转化为长列编队，向升金湖的另一端前进。

东方白鹳是国家一级重点保护野生动物，全球数量不足 2500 只，是非常珍贵的物种。2012 年冬天，它们在南下迁徙路上经过天津时，有近 30 只被不法分子撒农药给毒死，惊人的噩耗引起社会强烈关注，东方白鹳这种珍禽才为更多人所知。见过它们的飞行表演，敬佩的同时也生出更多珍视，希望这种庞大飞鸟能在这个地球上平平安安。

（文：史杰，图：高厚生）

观察思考
东方白鹳用什么方式示爱？

寒风中
"向右看齐"

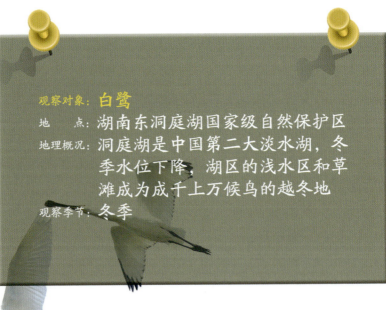

观察对象：**白鹭**
地　　点：湖南东洞庭湖国家级自然保护区
地理概况：洞庭湖是中国第二大淡水湖，冬
　　　　　季水位下降，湖区的浅水区和草
　　　　　滩成为成千上万候鸟的越冬地
观察季节：冬季

234

隆冬季节，去长江一线的湖泊，会见到数量巨大的迁徙南下的水鸟聚集，安徽、湖北、湖南、江西都有这样的湖泊。湖边，可以见到成群的反嘴鹬用上翘的喙在浅水中一挑一挑地进食；白琵鹭勺子一样的嘴在水中划拉来划拉去地滤取食物；会潜水的鸭子们频繁地钻进水里捕鱼虾，也有不会潜水的鸭子和天鹅撅着屁股，伸长脖子探到水下吃水草。在开阔的草滩上，大雁们或卧着休息，或掘草根吃草叶，鹤类聚集在湖边的田野中，用长嘴拾取遗落的谷粒，或者探进泥里吃草根……

　　当春天来临，它们会返回北方的繁殖地去生儿育女，一年一度地迁徙，冬天又如约而归。很诧异与佩服它们定位找路的能力，那往往是数千千米的行程啊。而冬天里最令人难忘的一幕发生在洞庭湖。

　　夏季丰水期，"八百里洞庭"一片汪洋，冬季枯水时，湖区到处露出大面积的草滩，一片一片的浅水沼泽，视野辽阔。东洞庭湖保护区在湖南岳阳，从市区往西走洞庭湖大桥，很快就到了。

235

　　那天寒流骤至，猛烈的北风带着凄冷的雨水横扫湖区，行走在湖堤上，雨伞老是被风吹翻过去，顶风迈步也相当困难。当我扭头望向无际的湖滩，非常惊异地发现远远的旷野上有一道一道长短不一的"白线"，每一条都很直很直，而且是朝同样方向延伸，线与线绝对平行，不论相距多远，都一样整齐。

　　一举望远镜，雨伞呼地掀到身后去了，雨水扫了一脸，但我看出那些"白线"居然是一只一只白色的鹭鸟紧紧靠在一起在列队！它们顶风而立，"白线"的走向是由风向决定的，以确保羽毛不被大风吹翻起来，而"白线"的长短是每队白鹭的数量。见过大雁列队飞行，据说是为借助气流，减少体力消耗，照顾群体中的年幼体弱者。而白鹭们竟然也会依靠集体的力量抵御急风骤雨！它们不是抱团而是列队，借着风向"向右看齐"，利用了风力本身。

　　鹭科鸟是长腿、长嘴、长脖子的涉禽，白鹭浑身雪白，夏天有纱状的蓑羽，美丽如仙。鹭科鸟在浅水区蹚水捕鱼，静静地守候，看准目标下嘴，一啄一条，再把鱼顺过来，从头到尾吞下去。它们夏季集群在树上筑巢，常常占据一整片树林，形成"鹭林"。不过鸟巢只是养儿育女用的，并不遮挡风雨，鸟的家就是天地间。

　　见过白鹭列队的人可能很少很少，谁在大风大雨时还跑到野外去呢？更没法拍下那震撼的场面。只感慨鸟类的生存智慧与本领，远不是我们能想象的。

（文：钟嘉，图：姚毅、韦铭、丛培昊）

观察思考

　　白鹭的列队为什么能站得非常直呢？

237

后记

　　中国的孩子们只在电视里看外国的野生动物世界，咱们地大物博的中国，那些美丽的、珍贵的野生动植物都在哪里？野花们花开花落，鸟儿们春去秋来，蝴蝶翩然飞过又悄然消失，而我们身边的大部分人都熟视无睹或者浑然不觉，兀自蜷缩在钢筋水泥的城市里，偶尔向往一下国外的蓝天白云，或许也会跟团去人头济济的旅游景点，留下到此一游的照片。

　　童年时代的我曾在故乡的原野上撒野，长大成人后，离自然越来越远，但是儿时和小野花们耳鬓厮磨的美好回忆，镌刻在脑海里。步入观鸟之门，唤醒了沉睡的记忆，又走进熟悉的荒野，走进更广大的森林、湖泊，从高原到海洋，从热带雨林到沙漠、草原。观鸟的这些年，我去了中国的许多自然保护区，从起初单纯的追逐鸟种，到逐渐痴迷荒野中的一草一木，一蛙一兽，为每一次在荒野的意外邂逅而感动、兴奋，梵净山上的大理百合花海、秦岭森林中回眸一笑的斑羚、海南溪流里那些可爱的小蛙们……

　　总是想把我的感动分享给更多的人，唤醒他们对自然的关注，尤其是想把我的荒野奇遇讲给孩子们听！很高兴有这本书把我的荒野邂逅写出来，希望更多的孩子加入到了解自然、认识自然、热爱自然的行列。

袁屏

2014 年 4 月

WHAT you don't know about NATURE RESERVES